普通高等教育机电类系列教材

SolidWorks 基础应用教程

主　编　马国清　李万志　于　琪
副主编　陈大亨
参　编　孙　鑫　王伟林　杨舒天　察可超

机械工业出版社

本书是学习 SolidWorks 软件的入门教材，内容包括 SolidWorks 基础、草图建模、基础零件设计、装配体设计以及工程图设计。本书以案例模型作为主线，对三维设计过程进行讲解，以功能为载体，理论与实践并重，为便于读者学习，书中对实际设计过程中使用率高的功能做了详细的介绍，相关内容配有二维码链接的教学视频。

本书为普通高等教育机电类系列教材，可作为培训机构的教学用书，也可以作为企业设计人员使用 SolidWorks 的自学用书。

图书在版编目（CIP）数据

SolidWorks 基础应用教程/马国清，李万志，于琪主编. —北京：机械工业出版社，2020.3（2024.7重印）

普通高等教育机电类系列教材

ISBN 978-7-111-64605-1

Ⅰ.①S… Ⅱ.①马… ②李… ③于… Ⅲ.①计算机辅助设计-应用软件-高等学校-教材 Ⅳ.①TP391.72

中国版本图书馆 CIP 数据核字（2020）第 016457 号

机械工业出版社（北京市百万庄大街 22 号 邮政编码 100037）
策划编辑：蔡开颖 责任编辑：蔡开颖 段晓雅
责任校对：张 薇 封面设计：肖玉雯
责任印制：刘 媛
涿州市般润文化传播有限公司印刷
2024 年 7 月第 1 版第 7 次印刷
184mm×260mm·9.25 印张·226 千字
标准书号：ISBN 978-7-111-64605-1
定价：29.00 元

电话服务 网络服务
客服电话：010-88361066 机 工 官 网：www.cmpbook.com
010-88379833 机 工 官 博：weibo.com/cmp1952
010-68326294 金 书 网：www.golden-book.com
封底无防伪标均为盗版 机工教育服务网：www.cmpedu.com

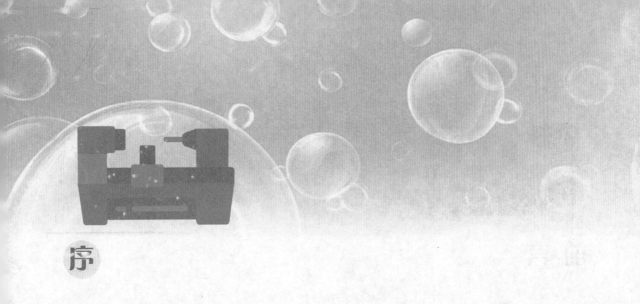

序

众所周知，SolidWorks 作为第一款基于 WINTEL 平台的机械 3D CAD，自问世以来，以其易学易用、功能强大等显著特点深得广大业界用户的青睐与欢迎，在过去的二十多年时间里，成长迅速，逐步成为市场的主流。

据 SolidWorks 的官方统计，到目前为止，全球已有超过 33500 家教育机构使用 Solid-Works 作为 3D CAD 教学软件，使用 SolidWorks 的师生人数已超过 350 万。中国也呈现了同样的趋势，无论是商业客户还是教育用户，数量还在迅速地增长中，因此市场对拥有 Solid-Works 应用技能的需求还在不断地增长。该书的出版与发行也正是在此背景下，以 Solid-Works 的最新版本为基础，为广大正在采用或即将采用 SolidWorks 作为 3D CAD 教学/学习工具的老师和学生提供学习/适用的教材或参考用书，同时也为工业界的设计师/工程师提供一本高效的入门自学教材。

作为全球市场占有率较高的 3D 解决方案的供应商，达索系统 SolidWorks 致力于为市场提供先进全面的以 3D SolidWorks 为核心的全数字化协同解决方案，为企业设计创新赋能。今天，正值中国制造 2025 和数字化转型的大时代，制造业企业将实现由"中国制造"向"中国创造"的转型，数字化技术将成为各工业企业的基础与核心。

同时，在教育市场我们也一直致力于提供一流的数字化教学与科研平台，帮助广大教师提升教学质量和教学效果，提升科研能力和科研水平。将行业/企业的全流程数字化解决方案完全复制和推广到学校，充分发挥学校作为人才培养摇篮的优势，将工业实践融入理论教学中，培训与时代接轨、与企业实际需求相适应的高技能数字化人才和富于创新意识的工程师，为处于数字化转型中的工业企业培养和储备尖端人才。

现在，我们的授权教育合作伙伴与烟台大学马国清教授一起合作提供专门针对教育用户的学习/培训教程，体现了我们扎根中国、服务中国、为中国客户提供长期优质服务的承诺。此教程可以有效地帮助读者把 SolidWorks 平台在教学创新和人才培养、理论与工程实践相结合以及最佳工程实践等方面的优势全部释放出来。

我们为 SolidWorks 能够帮助提升中国制造业的产品创新能力感到自豪，同时也为越来越多的公司投身教育、服务教育感到欣慰。中国教育的宗旨是"百年大计，教育为本"。在数字化转型的大潮下，通过部署 SolidWorks 为中心的数字化平台，配以此套教程，期待可以把更多的今天的学生培养成为明天的精通数字化技术的卓越工程师。

DS SolidWorks 大中国区技术总监
胡其登

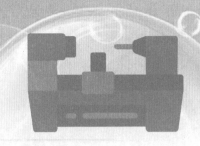

前言

　　本书使用的软件版本是 SolidWorks2019，该版本具有专注创新、优化性能、注意细节并形成了完整的设计生态系统的特点。书中详细介绍了软件的功能特点、三维产品设计思路和步骤，内容直观，图文并茂。每个操作环节都有对应的视频可以观看，视频分为两种类型，一是对书中的案例进行完整的功能演示，二是对书中不易展示的技巧和方法做了详细的介绍，读者可根据需要观看视频内容。

　　本书由烟台大学机电汽车工程学院马国清与烟台胜信数字科技股份有限公司李万志、于琪担任主编。本书分五章，第 1 章 SolidWorks 基础环境由马国清编写，第 2 章草图建模和第 5 章工程图由马国清和李万志编写，第 3 章零件建模由陈大亨编写，第 4 章装配体建模由于琪编写。承担校对和视频录制的有孙鑫、王伟林、杨舒天、察可超、季韶华等烟台胜信数字科技股份有限公司的相关人员。

　　由于时间仓促，书中难免存在不足之处，肯请广大读者批评指正。

　　本书在学习时需要用到给定的三维模型文件（书中用图标⬢表示模型文件），读者可提前登录烟台胜信数字科技股份有限公司网站（http://www.sdshengxin.net/download/index）下载。本书配有电子课件，向授课教师免费提供，需要者可登录机械工业出版社教育服务网（www.cmpedu.com）下载。同时，在每个功能讲解最后可以微信扫描书中二维码，免费观看更多此功能的讲解视频，读者可以进行拓展练习。

编　者

目 录

第 1 章

SolidWorks 基础环境

学习目标

认识 SolidWorks 的主要特点

认识 SolidWorks 用户界面的主要组成

了解 SolidWorks 中鼠标基本操作

掌握使用模板创建文档的方法

了解一些常用工具

了解使用 SolidWorks 的典型设计流程

内容介绍

SolidWorks 公司成立于 1993 年，1995 年发布第一个版本 SolidWorks 95。与其他知名三维软件相比，SolidWorks 公司成立时间较晚，却是当前全球装机量最大的三维设计软件。SolidWorks 是一个基于特征、参数化、实体建模的设计工具，使用 Windows 图形用户界面，与 Windows 系统全兼容。经过多年发展，不断加入有限元分析、流体分析、数据管理、文档制作、电气设计、质量检验等产品，满足企业设计人员三维信息化发展需求。SolidWorks 软件功能强大，而且对每个工程师和设计者来说，操作简单方便、易学易用。

教育市场上，在美国，包括斯坦福大学、麻省理工学院在内的许多著名大学已经把 SolidWorks 列为制造专业必修课，国内的大学和教育机构如清华大学、北京航空航天大学、北京理工大学、四川大学、山东大学也在使用 SolidWorks 进行教学。并且加入 SolidWorks 完善的全球认证体系，获得 SolidWorks 认证，可展现并验证您在 Solid-Works 软件方面具备的能力和知识。SolidWorks 认证可以作为一个基准，用来衡量您在使用 SolidWorks 软件方面所具备的知识和能力。让您在竞争激烈的求职市场上脱颖而出。

1.1　SolidWorks 用户界面

　　SolidWorks 用户界面采用的是 Windows 界面风格，操作习惯也和 Windows 办公文档等应用程序一样，下面重点介绍 SolidWork 用户界面以及鼠标操作方法。

　　1. 欢迎界面

　　启动 SolidWorks 成功后，系统首先显示欢迎界面，欢迎界面是在 SolidWorks 2018 版本才加入的，较早版本没有此界面。欢迎界面分为"主页""最近""学习"和"提醒"四个部分。各部分功能如下：

　　（1）主页　新建、打开文档；列出最近编辑的文档及文件夹；访问 SolidWorks 门户网站或学习论坛。如图 1-1 所示。

图 1-1　SolidWorks 欢迎界面-主页

　　（2）最近　列出最近编辑的文档及文件夹，单击相应文档后可快速打开。如图 1-2 所示。

图 1-2　SolidWorks 欢迎界面-最近

　　（3）学习　SolidWorks 简介及指导教程等。指导教程包含从初级到高级的应用指导，新用户可以通过向导式的方法学习 SolidWorks 相关功能。如图 1-3 所示。

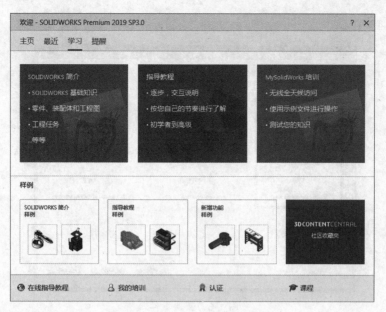

图 1-3　SolidWorks 欢迎界面-学习

（4）提醒　SolidWorks 新版本发布提醒。单击"提醒"后，链接至 SolidWorks 门户网站，登录后即可完成新版本下载，如图 1-4 所示。

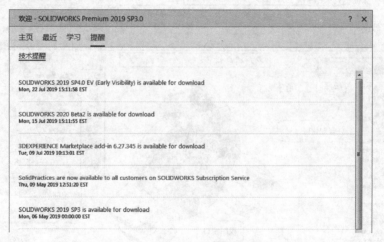

图 1-4　SolidWorks 欢迎界面-提醒

2. 创建零件文档

下面介绍使用一般方法新建文档，此方法同样适用于早期版本。

单击"关闭"按钮关闭欢迎界面。如图 1-5 所示，菜单栏中单击"新建"按钮，或使用 Windows 快捷键<Ctrl+N>，新建文档。

图 1-5　新建菜单

在弹出的"新建 SolidWorks 文件"窗口中，双击"零件"图标，创建一个零件文档。如图 1-6 所示。

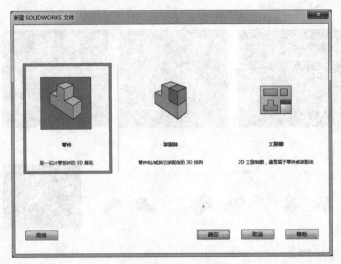

图 1-6　新建零件

图 1-7 所示为一个典型的 SolidWorks 零件设计界面。

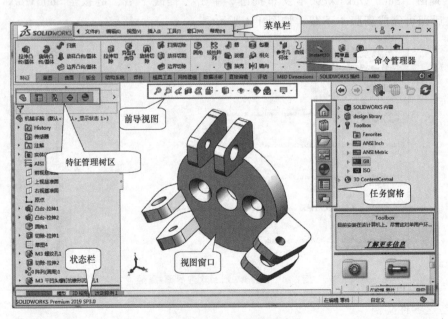

图 1-7　零件设计界面

（1）菜单栏　菜单栏集成了 SolidWorks 的绝大部分命令，默认时菜单栏是隐藏的，当光标移动到展开按钮▶时，菜单栏展开可见。单击"保持可见"符号➡，菜单栏始终保持可见，再次单击符号✖，菜单栏自动隐藏。

（2）命令管理器（CommandManager）　命令管理器是按照功能模块将相关命令集成在一起的工具栏。

（3）特征管理树区　主要包括特征管理设计树、属性管理器、配置管理器、尺寸管理器和显示管理器。各项的功能介绍见表 1-1。

表 1-1 设计树区域功能矩阵表

图标	工具名称	功 能
	特征管理（FeatureManager）设计树	特征管理设计树主要记录了零件和装配体的设计过程。SolidWorks 是基于特征的参数化建模软件，设计零件过程中使用的草图、特征和零件等在设计树中按相关设置进行显示。如图 1-8 所示，此文件设计树中包含凸台拉伸、圆角、切除拉伸、阵列等特征。当零件要更改时，直接对特征进行编辑，即可完成更改。除此之外，设计树还包含材质、基准面、原点等其他信息 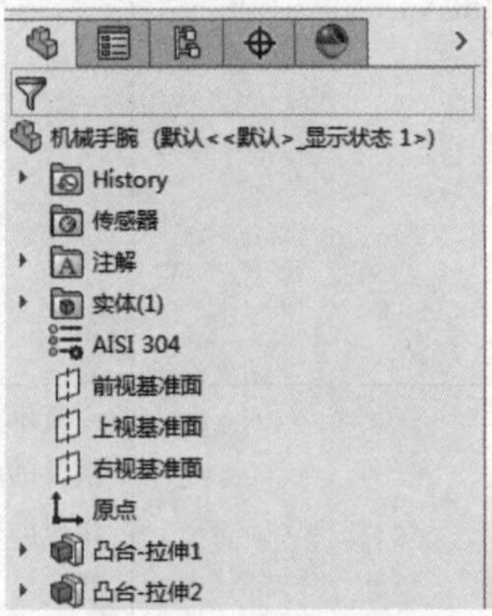

图 1-8 特征管理设计树

|  | 属性管理器（PropertyManager） | 在属性管理器中，可以为许多（SolidWorks）命令设置属性和选项。例如，新建或编辑凸台-拉伸特征时，拉伸深度和方向均在属性管理器中设置。属性管理器如图 1-9 所示 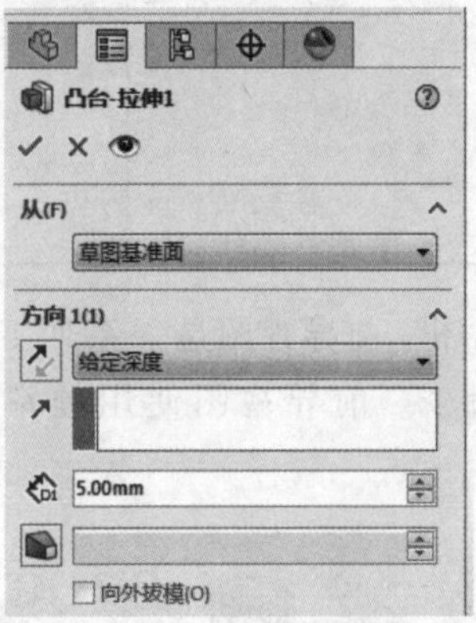 |

图 1-9 属性管理器

| 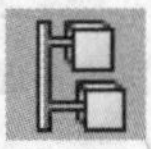 | 配置管理器（ConfigurationManager） | 在配置管理器中，提供了在文件中生成、选择和查看零件及装配体配置的方法，如图 1-10 所示 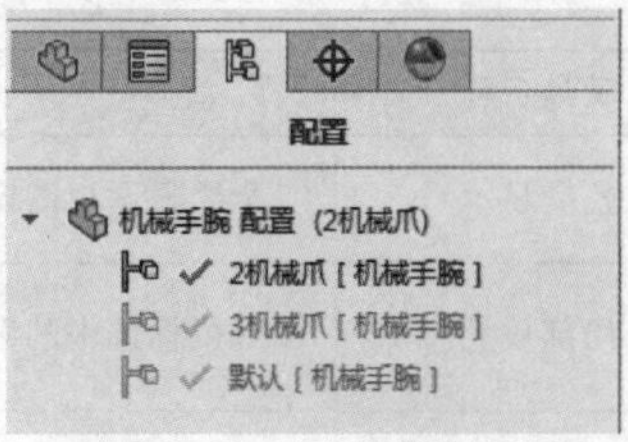 |

图 1-10 配置管理器

（续）

图标	工具名称	功　能
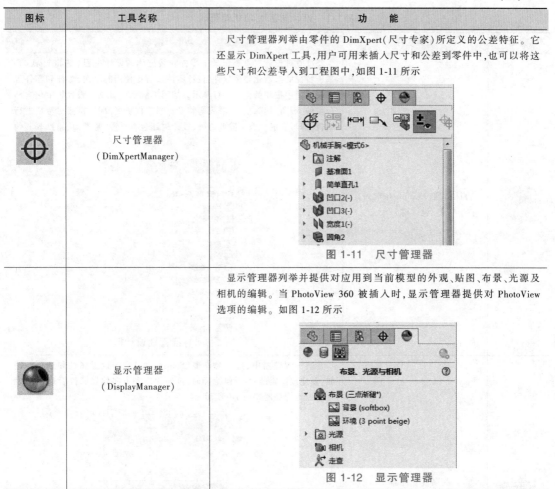	尺寸管理器 （DimXpertManager）	尺寸管理器列举由零件的 DimXpert(尺寸专家)所定义的公差特征。它还显示 DimXpert 工具,用户可用来插入尺寸和公差到零件中,也可以将这些尺寸和公差导入到工程图中,如图 1-11 所示 图 1-11　尺寸管理器
	显示管理器 （DisplayManager）	显示管理器列举并提供对应用到当前模型的外观、贴图、布景、光源及相机的编辑。当 PhotoView 360 被插入时,显示管理器提供对 PhotoView 选项的编辑。如图 1-12 所示 图 1-12　显示管理器

（4）前导视图　前导视图是一系列工具的集合。集成了设计活动中常用的控制模型显示状态的相关命令。前导视图使用频率非常高。如图 1-13 所示。各工具按钮功能说明见表 1-2。

图 1-13　前导视图

表 1-2　前导视图功能矩阵表

图标	工具名称	功　能
	整屏显示	全屏显示视图窗口中的模型或图样,可以通过双击鼠标中键或按<F>键快速实现
	局部放大	对鼠标选中的区域全屏显示
	上一视图	当视图窗口中变换视图方向后,单击此按钮显示上一个视图方向

（续）

图标	工具名称	功 能
	剖面视图	通过基准面对模型进行剖切显示。如图 1-14 所示 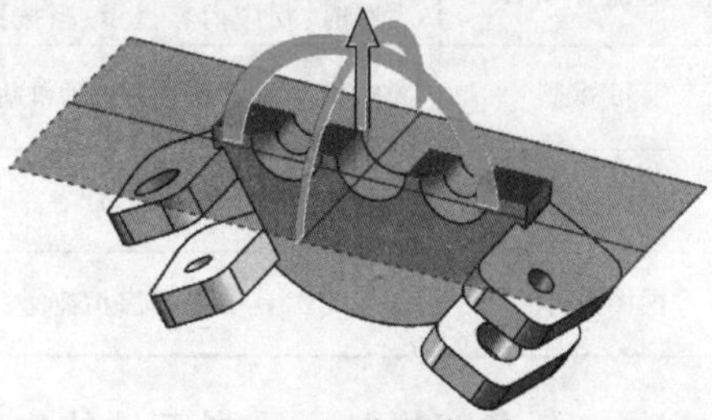 图 1-14 剖面视图
	动态注解视图	在 SolidWorks MBD 中使用,可以控制在旋转模型时注解的显示方式
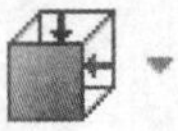	视图定向	视图方向选择工具。单击某个平面以正视该平面(视线垂直于该平面)。如图 1-15 所示 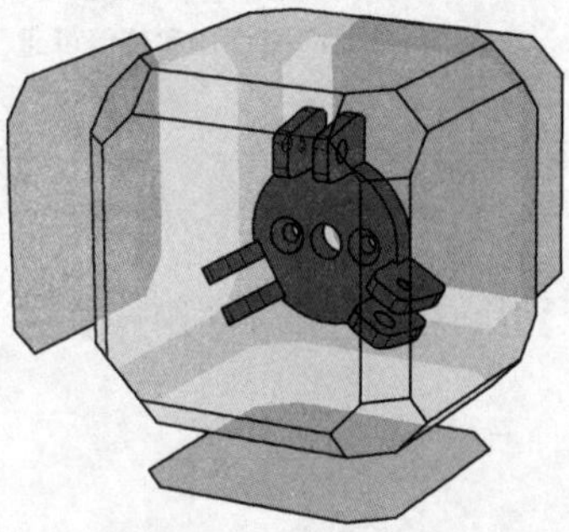 图 1-15 视图定向
	显示样式	系统提供了五种显示样式,分别如图 1-16~图 1-20 所示 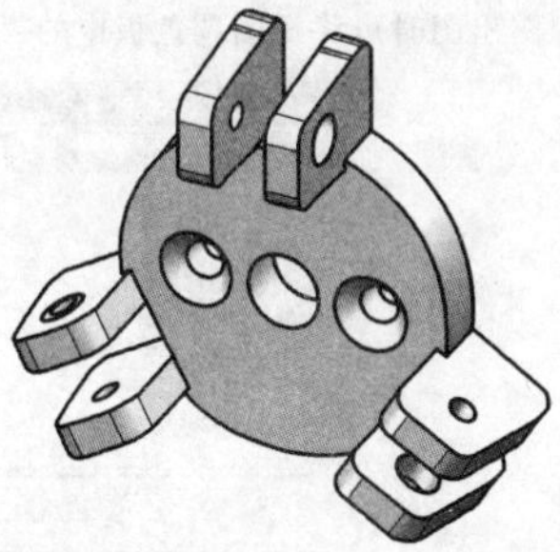 图 1-16 带边线上色 　　图 1-17 上色 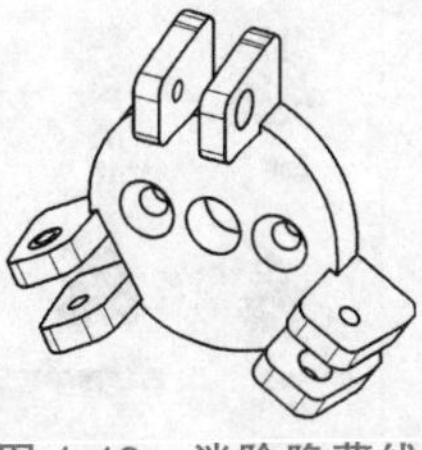 图 1-18 消除隐藏线 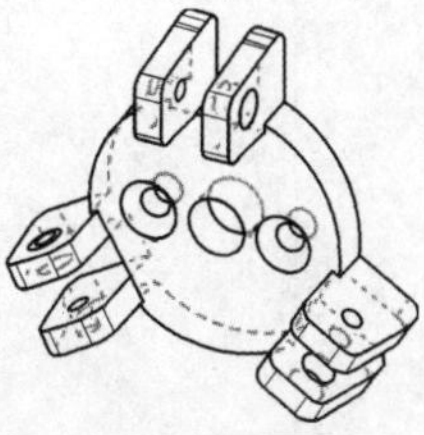　图 1-19 隐藏线可见 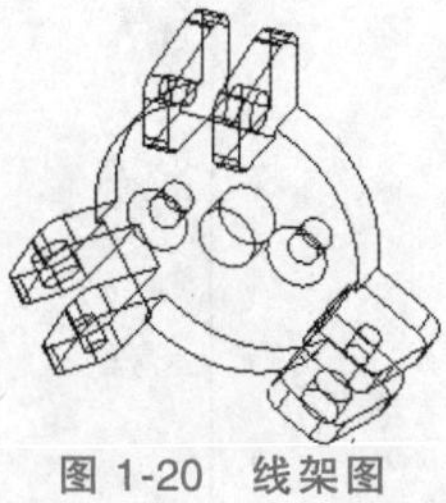　图 1-20 线架图

（续）

图标	工具名称	功 能
 👁 ▼	隐藏/显示项目	通过单击相应按钮,控制视图窗口中相应内容的显示和隐藏。当按钮背景带有阴影时,相应内容显示;当按钮不带阴影时,相应内容不显示
 🔮	编辑外观	对模型添加颜色、纹理和贴图
 🏁 ▼	应用布景	修改视图窗口显示背景
 🖥 ▼	视图设计	在此工具中可开启渲染效果

（5）任务窗格　任务窗格是一系列工具的集合。常用的工具有设计库、视图调色板、外观、布景和贴图以及自定义属性,见表1-3。

表1-3　任务窗格功能矩阵表

图标	工具名称	功 能
📚	设计库	在设计库中可以使用 Toolbox、3D ContentCentral 和 SolidWorks 内容的各种标准零件、库特征和其他可重复使用内容。如图1-21所示  图1-21　设计库
⊞	视图调色板	在工程图出图时可将视图调色板中的视图,拖动到工程图图样上,如图1-22所示 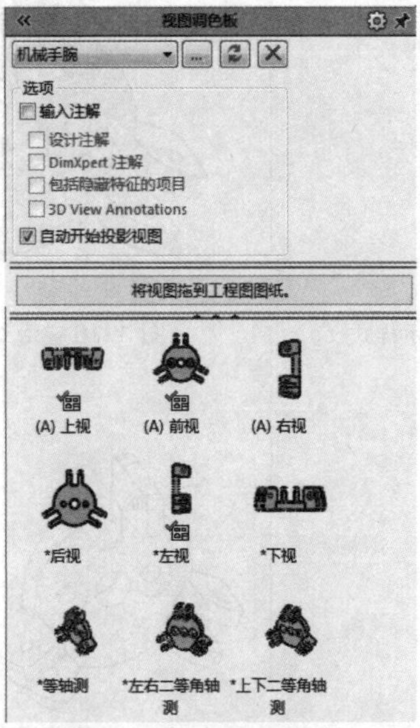 图1-22　视图调色板

（续）

图标	工具名称	功 能
	外观、布景和贴图	外观、布景和贴图库，与显示管理器和前导视图中的"编辑外观""应用布景"功能一致
	自定义属性	使用"属性标签编制程序"创建自定义属性卡，在SolidWorks文件中输入自定义属性，如图1-23所示 图 1-23　自定义属性

（6）视图窗口　显示零件、装配体和工程图的区域。通过菜单栏中的"窗口"可设置视图窗口显示的数量和样式。

（7）状态栏　SolidWorks窗口底部的状态栏提供正在执行的、与功能相关的信息。例如，操作草图时，显示草图状态及指针坐标；操作模型时，显示所选实体常用的测量方法。除此之外，状态栏还显示文档的单位，通过单击状态栏上的"自定义"按钮，用户可快速切换文档的单位模板。文档单位如图1-24所示。

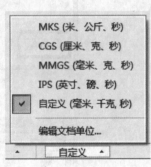

图 1-24　文档单位

1.2 鼠标操作

鼠标操作说明见表1-4。

表 1-4　鼠标操作说明

鼠标	键盘	动作	零件和装配体环境	工程图环境
左键		单击	启动命令或选取	
左键		框选	选取	
右键		单击	启动关联菜单或确定完成命令	
中键		旋转滚轮	缩放视图	缩放视图
中键		按住滑动	旋转视图	移动
中键	+<Shift>	按住滑动	缩放视图	缩放视图
中键	+<Ctrl>	按住滑动	移动	

注意：在后续章节中，"单击"操作是指单击鼠标左键。

1.3 使用自定义模板创建文档

前面已经学习了使用模板创建零件的方法，在实际的工程应用中，大部分情况下需要创建自定义模板。SolidWorks默认状态已经为用户创建了一套国家标准（GB）模板。

新建一个文档。在弹出的"新建SolidWorks文件"（图1-25）窗口中，单击"高级"按钮，切换到自定义"模板"选项卡。如图1-26所示。

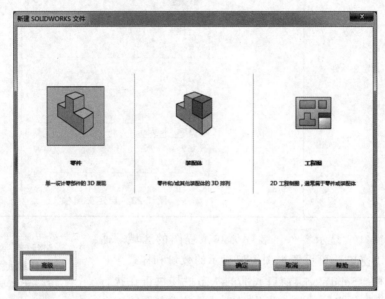

图 1-25 "新建 SolidWorks 文件"窗口

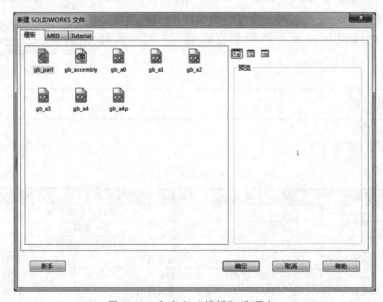

图 1-26 自定义"模板"选项卡

在"新建 SolidWorks 文件"界面的"模板"选项卡中。共有 8 个模板可供使用，详细介绍见表 1-5。

表 1-5　GB 模板清单

模板名称	模板类型	细节信息
gb_part	国标零件模板	
gb_assembly	国标装配体模板	
gb_a0	国标工程图 A0 模板	第一视角,841mm×1189mm
gb_a1	国标工程图 A1 模板	第一视角,594mm×841mm
gb_a2	国标工程图 A2 模板	第一视角,420mm×594mm
gb_a3	国标工程图 A3 模板	第一视角,297mm×420mm
gb_a4	国标工程图 A4 模板	第一视角,210mm×297mm

双击需要的模板，即可完成文档创建工作。

1.4　常用工具介绍

在 SolidWorks 三维设计中，某些工具的使用率比较高，本节统一进行介绍。

1.4.1　视图定向工具

视图定向工具是视图方向选择工具，可以通过单击前导视图中的"视图定向"按钮或者单击键盘<空格>键完成启动。

打开本章的"机械手腕"，启动视图定向工具。如图 1-27 所示，单击任意一个透明的平面，视图的视角将切换到此平面的方向。

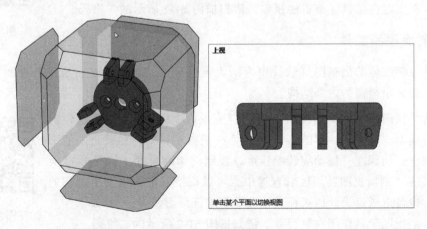

图 1-27　视图定向工具

通过视图定向工具还可以存储用户自定义的视图。旋转模型到任意视角，启动视图定向工具，如图 1-28 所示，在弹出的"方向"对话框中单击"新视图"按钮。如图 1-29 所示，在弹出的"命名视图"对话框中输入相应的视图名称，并单击"确定"按钮。

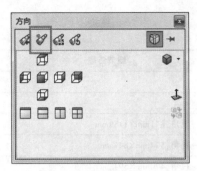

图 1-28 视图定向工具

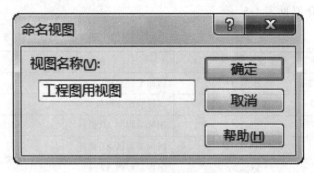

图 1-29 "命名视图"对话框

如图 1-30 所示，新增的自定义视图将存储在"方向"对话框中，通过单击自定义视图名称，可以直接切换至该视图，并且新增视图可以在工程图视图调色板中直接使用。

图 1-30 重新使用自定义视图方向

[图 S1-1]

提示：视图定向工具详细讲解视频，请扫描图 S1-1 所示的二维码。

1.4.2 剖面视图工具

在零件或装配体的剖视图（软件中为剖面视图）中，可以通过指定的基准面对模型进行剖切，从而显示模型的内部结构。

单击前导视图中的"剖面视图"按钮 完成命令启动。系统默认以前视基准面对模型进行剖切，如图 1-31 所示，在视图窗口中拖动黄色的箭头控标可以调整剖切深度，拖动旋转控标可以控制剖切的角度。如图 1-32 所示，在弹出的"剖面视图"属性管理器中，可以切换基准面以变更剖切的显示方向，也可以通过设计树选择其他基准面进行剖切。

[图 S1-2]

提示：剖视图工具详细讲解视频，请扫描图 S1-2 所示的二维码。

1.4.3 测量工具

在使用 3D 模型时，经常需要了解模型的详细尺寸信息，通过测量工具可以在草图、3D 模型、装配体或工程图中测量形状尺寸和位置尺寸。

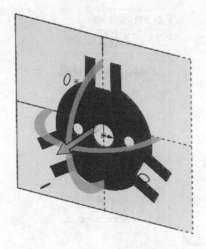

图 1-31　前视基准面剖切

图 1-32　切换剖切基准面

如图 1-33 所示，在命令管理器中切换到"评估"选项卡，单击"测量"按钮。系统启动"测量"工具。

图 1-33　启动"测量"工具

如图 1-34 所示，选取模型中的圆柱面，可以显示圆柱面积、直径和周长信息。

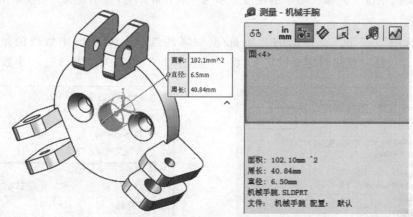

图 1-34　测量圆柱面信息

如图 1-35 所示，继续选取模型中的圆柱面，可以显示两圆柱面轴线的中心距离。

提示：测量工具详细讲解视频，请扫描图 S1-3 所示的二维码。

［图 S1-3］

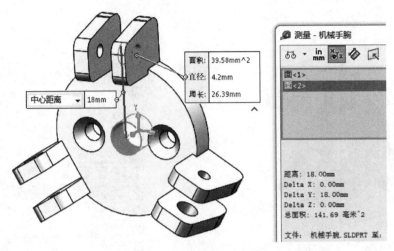

图 1-35　测量圆柱面间距

1.4.4　质量属性工具

　　质量属性工具以模型几何体和材料属性为基础，计算模型的质量、密度、体积等参数。

　　单击"评估"选项卡中的"质量属性"按钮。系统打开"质量属性"对话框，如图 1-36 所示。

图 1-36　启动"质量属性"工具

　　如图 1-37 所示，"质量属性"对话框中直接显示模型质量为"0.041 千克"，默认情况下，质量属性的测量单位和状态栏中的文档单位是一样的。用户也可以在此处自定义文档单位。例如，图中的密度显示为"0.000 千克/立方毫米"，就是由测量单位的精度引起的。

　　单击"选项"按钮，在弹出的"质量/剖面属性选项"对话框中修改测量单位，如图 1-38 所示。选择"使用自定义设定"，将"单位体积"更改为"米 3"，"小数位数"改

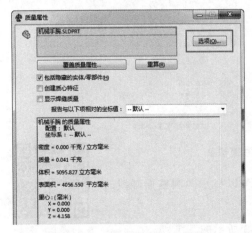

图 1-37　"质量属性"对话框

图 1-38　修改测量单位

为"2",单击"确定"按钮。此时,"质量属性"对话框中的"密度"将
显示"8000.00千克/立方米"。

提示:质量属性工具详细讲解视频,请扫描图S1-4所示的二维码。

[图 S1-4]

1.4.5 选项工具

在菜单栏中单击"选项"按钮 ⚙ ,进入选项控制界面。选项工具包
含"系统选项"和"文档属性"两个选项卡。

如图1-39所示,"系统选项"选项卡用于软件整体环境,和打开文档没有关系。主要是
一些通用设置。

如图1-40所示,"文档属性"选项卡显示的文档属性仅对当前打开的文档有效,是针对
文档的自定义设置。某些文档属性与所有文档类型(零件、装配体和工程图)相关,而其
他文档属性则是与具体模块相关。

图 1-39 "系统选项"选项卡

图 1-40 "文档属性"选项卡

1.4.6 插件管理工具

SolidWorks软件中很多专业的模块是以插件形式存在的,用户可以按需进行使用,需要

的时候加载，不需要的时候不用加载，这样可以提升系统性能。如图 1-41 所示，单击"选项"的三角展开按钮□后，再单击"插件"，调出其配置界面。

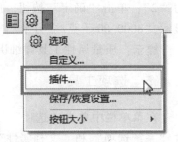

图 1-41　启动"插件"配置界面

"插件"对话框如图 1-42 所示。在"活动插件"下选取复选框将为当前操作装入应用程序，关闭 SolidWorks 后，下次使用需要重新启动该插件；在"启动"下选取复选框将为每个进程装入应用程序，每次打开 SolidWorks 都将默认加载该插件。

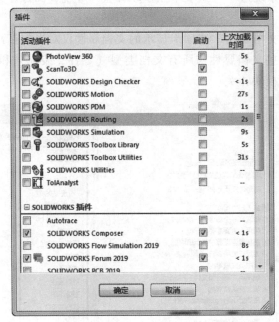

图 1-42　"插件"对话框

1.5　SolidWorks 三维设计的典型设计流程

如图 1-43 所示，使用 SolidWorks 进行产品设计的典型流程如下：

（1）零件设计　零件设计首先进行草图设计，草图设计过程需要选取最佳草图轮廓，

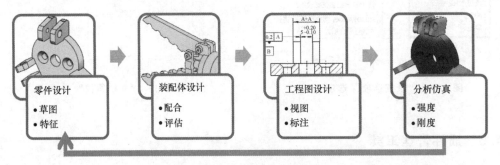

图 1-43　SolidWorks 设计流程

设计草图形状及几何尺寸。特征设计使用特征工具生成实体，特征分为草图特征和应用特征。

（2）装配体设计　装配体设计分为自底向上和自顶向下两种设计方式，本书只介绍自底向上的装配体设计方法。在此设计模式中，首先完成零件设计，然后创建装配体，在装配体中插入零件，为零件添加配合，以确保零件之间的位置关系。装配体设计过程中，可以进行直观的干涉检查、间隙检查等，确保设计阶段正确。

（3）工程图设计　工程图设计中，可以直接利用模型生成投影视图，不需要手工绘图，在完成的视图上添加尺寸、公差注释等标注信息。

（4）分析仿真　产品设计过程中，对产品性能进行验证是一个重要的环节。简单工况，可以通过手工计算完成产品校核。复杂工况，手工计算难以完成，需要引入工具软件。通过有限元分析计算，可以在产品设计阶段验证产品的强度、刚度、稳定性等关键信息，为产品设计人员提供技术参考，并有利于提高产品质量，减少样机数量，降低生产制造成本。

设计过程并不是一个线性的过程，而是由一系列决策和调整组成，因此上述流程是不断迭代的，在 SolidWorks 中，上述流程是完全集成的，在任一流程中更改模型，其他流程都会自动变更，有利于提升设计效率，减少更改产生的错误。

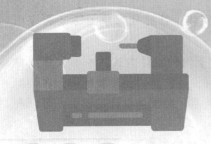

第 2 章

草图建模

学习目标

了解并创建新草图
绘制并完全定义草图
理解草图的三种状态
拉伸或旋转草图形成实体

内容介绍

SolidWorks 零件设计步骤是先在基准面或平面上绘制草图,然后通过草图形成特征,零件中的第一个特征称为基体特征,以基体特征为基础,在其上添加其他特征生成零件。

草图是 SolidWorks 建模的基础,绘制草图轮廓时,最好是使用不太复杂的草图几何体和更多的特征。因为较简单的草图更容易生成、标注尺寸、维护、修改以及理解,创建的模型重建起来更快。需要读者注意的是,同一个草图可以通过不同的特征来形成不同的实体,当使用特征命令后,对应的草图会被吸收到特征里面。

本章通过两个草图实例和其他练习实例来学习草图的创建,并通过尺寸和约束来完全定义草图,最终拉伸或旋转形成简单的实体。

2.1 绘制拉伸草图

例 2-1 绘制带圆孔的矩形板的拉伸草图，如图 2-1 所示。

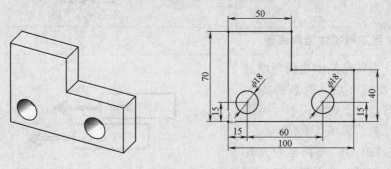

图 2-1 带圆孔的矩形板

步骤 1：新建零件

- 使用 "gb_ part" 模板新建零件。

步骤 2：选择草图基准面创建草图

- SolidWorks 默认提供三个基准面，分别为前视基准面、上视基准面和右视基准面。三个基准面相互垂直，交点为系统原点，空间坐标为 (0，0，0)，如图 2-2 所示。

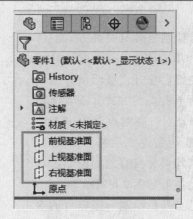

图 2-2 基准面

- 单击 "前视基准面"，在弹出的快捷菜单中，再单击 "草图绘制" 按钮 ，启动 "草图绘制" 工具如图 2-3 所示。

提示：草图基准面的选择同时决定了工程图的投影。此处选择 "前视基准面" 绘制草图，在工程图投影时，前视图则显示该草图轮廓。

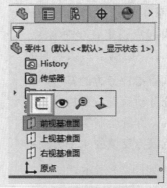

图 2-3 启动 "草图绘制" 工具

提示：更多草图创建方法，请扫描图 S2-1 所示的二维码。

[图 S2-1]

步骤 3：使用草图实体绘制草图

● 此时，系统已经由建模环境进入到草图绘制环境，明显的标志为，视图窗口右上角出现了"草图确认角"工具，如图 2-4 所示。

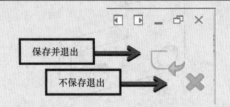

保存并退出
不保存退出

图 2-4　草图确认角

提示：SolidWorks 草图绘制及建模环境均使用同一个界面窗口。想绘制草图一定得在草图环境下，一定不能和建模环境混淆。

● 单击命令管理器上的"草图"选项卡，再单击"直线"按钮，启动直线绘制工具，如图 2-5 所示。

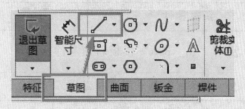

图 2-5　绘制"直线"工具

提示：绘制直线有两种方式，可以使用"单击-单击"（在起点处按下鼠标左键后松开，移动鼠标指针到终点再单击）的方式，或者使用"起点-拖动"（在起点处单击不松开鼠标拖动到终点后松开）的方式。二者均可完成直线的绘制。直线的其他类型如图 2-6 所示。

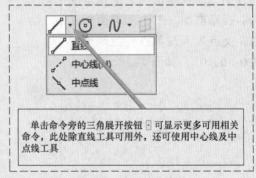

单击命令旁的三角展开按钮 可显示更多可用相关命令，此处除直线工具可用外，还可使用中心线及中点线工具

图 2-6　绘制其他直线

● 从原点开始绘制一条竖直的直线。视图窗口中，单击坐标原点（黄色坐标系 0 点），系统会自动捕捉，将直线起点锁定在坐标原点，如图 2-7 所示。绘制第一条竖直直线时注意鼠标指针旁边的符号，它表示系统自动给直线添加一个竖直方向约束。继续绘制第二条水平直线，注意鼠标反馈的水平方向约束符号，如图 2-8 所示。

72.02, 90°

图 2-7　绘制第一条竖直直线

提示：绘制直线时，无需在意其精确长度，软件会用尺寸来驱动其变化。其他草图实体也是同样，只需绘制大体形状轮廓即可。

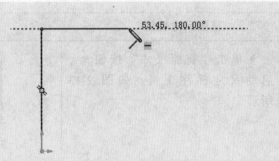

图 2-8　绘制第二条直线

提示：绘制完竖直直线后应快速水平移动鼠标绘制水平直线，不要将鼠标指针在上一条直线终点处乱动，这样容易启动切线弧功能，如图 2-9 所示。如果启动了"切线弧"命令，按下键盘字母<A>键，即可返回直线状态。

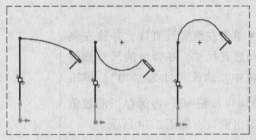

图 2-9　切线弧

● 继续绘制其他直线，直到最后完全闭合草图，结束直线绘制，如图 2-10 所示。

提示："直线"命令不间断，则可以一直绘制直线直到闭合，如果需要断开，结束直线绘制，直接按<ESC>键即可。

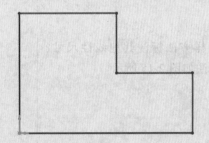

图 2-10　闭合草图

● 单击"圆"按钮 ⊙ ，启动"圆"绘制工具，如图 2-11 所示。在草图内部任意位置单击确定圆心，拖动鼠标指针到合适位置单击确定半径，绘制好一个圆，如图 2-12 所示。用同样方法绘制另外一个圆。至此，整个草图轮廓绘制完成。

图 2-11　绘制"圆"命令

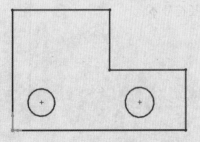

图 2-12　绘制圆

步骤4：草图尺寸标注

● 单击"智能尺寸"按钮，启动尺寸标注工具。如图 2-13 所示。

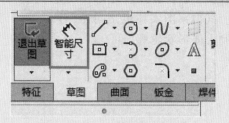

图 2-13　"智能尺寸"命令

● 单击左侧竖直直线，并往左侧移动放置尺寸，在弹出的尺寸修改窗口中，修改尺寸为"70"，单击"确认"按钮 ✓，将保存当前数值并退出窗口，如图 2-14 所示。

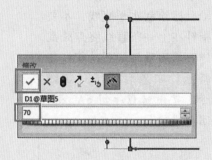

图 2-14　标注竖直直线长度

● 同样方法标注其他线性尺寸，尺寸标注如图 2-15 所示。

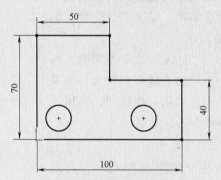

图 2-15　标注其他线性尺寸

● 单击圆标注直径，圆直径为 18mm，如图 2-16 所示。系统自动添加直径符号 φ。

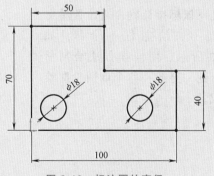

图 2-16　标注圆的直径

提示：尺寸标注样式会因鼠标指针放置方向产生多种标注样式，如图 2-17 所示。如果想始终保持某种标注样式，如保持水平标注，则在出现水平标注后，单击右键，可以锁定此标注样式，如图 2-18 所示。这样，无论指针如何移动，水平标注样式保持不变，再次单击右键可解除锁定。

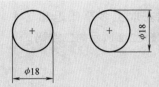

图 2-17　标注圆的其他样式

图 2-18　锁定标注样式

• 依次单击直线和圆可标注圆心到直线的距离。图 2-19 所示为左侧圆标注位置尺寸。

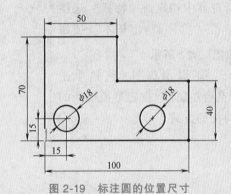

图 2-19　标注圆的位置尺寸

• 依次单击两个圆可标注两圆心距离。图 2-20 所示为右侧圆标注位置尺寸，至此草图绘制完成。

提示：请读者注意（屏幕上）草图轮廓线由蓝色到黑色的变化，后续章节会讲述原因。

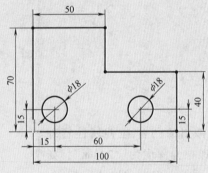

图 2-20　标注另外一个圆的位置尺寸

步骤 5：利用草图拉伸三维实体

• 草图绘制完成后，单击草图确认角"保存并退出"按钮，退出草图，如图 2-21 所示。

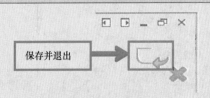

图 2-21　退出草图

提示：欲获取更多草图退出方法，请扫描图 S2-2 所示的二维码。

[图 S2-2]

● 退出草图后，在设计树中单击左键选择绘制好的"草图 1"，在命令管理器中切换到"特征"选项卡，单击"拉伸凸台/基体"按钮，如图 2-22 所示。

提示：不退出草图，直接单击"拉伸凸台/基体"按钮是更快捷的建立特征的方式。

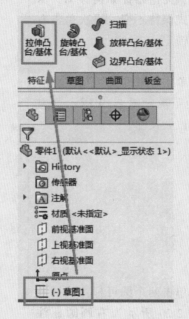

图 2-22 启动"拉伸凸台/基体"工具

● 在弹出的凸台-拉伸属性管理器中修改拉伸深度为"20mm"，如图 2-23 所示。单击"确认"按钮，完成实体模型创建。

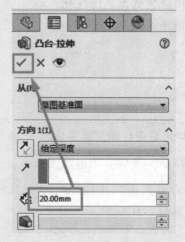

图 2-23 修改拉伸深度

● 最终实体模型如图 2-24 所示。

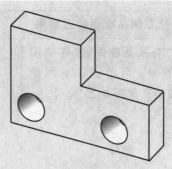

图 2-24 最终实体模型

提示：本案例完整讲解视频，请扫描图 S2-3 所示的二维码。

[图 S2-3]

2.2 绘制旋转草图

例 2-2 使用带轮作为绘制旋转草图的示例。带轮是典型的轴对称零件，模型创建时常用旋转建模方法。旋转草图使用如图 2-25 所示截面，草图轮廓围绕中心轴线旋转360°即可形成实体模型。

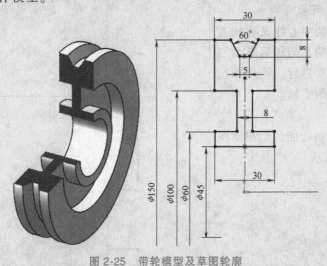

图 2-25 带轮模型及草图轮廓

步骤 1：**新建零件**

● 使用"gb_ part"模板新建零件。 gb_part

步骤 2: **选择草图基准面创建草图**

• 单击"右视基准面",在弹出的快捷菜单中,再单击"草图绘制"工具按钮,如图 2-26 所示。

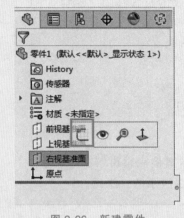

图 2-26 新建零件

步骤 3: **使用草图实体绘制草图**

• 单击命令管理器上的"草图"选项卡,再单击"直线"命令的展开按钮,启动"中心线" 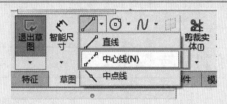 中心线(N) 绘制命令,如图 2-27 所示。

图 2-27 绘制"中心线"命令

• 过原点绘制两条相互垂直的中心线,如图 2-28 所示。

提示:草图中的中心线又称构造线,构造线形成的几何轮廓不参与草图到特征的成形过程,使用构造线主要是辅助草图绘制。

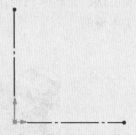

图 2-28 绘制中心线

• 启动直线绘制功能,绘制草图轮廓如图 2-29 所示。

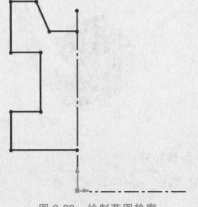

图 2-29 绘制草图轮廓

• 单击"草图"选项中的"镜像实体"按钮 镜像实体，如图 2-30 所示。

图 2-30 "镜像实体"命令

• 在弹出的"镜像"属性管理器中设置镜像实体。

• 单击"要镜像的实体"列表框，在视图窗口中依次选择已经绘制的轮廓线段。"镜像轴"选取竖直的构造线，如图 2-31 所示。

提示：选择轮廓线可采用从左到右的框选方式。

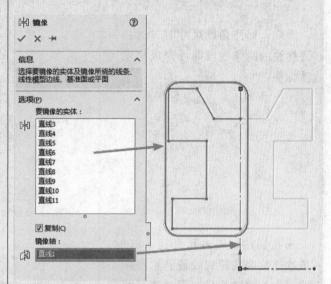

图 2-31 启动"镜像实体"命令

提示：在 SolidWorks 中，有从左到右和从右到左两种框选方式。如图 2-32 所示，从左到右必须完全框住待选实体，从右往左仅需要与待选实体相交即可选中。

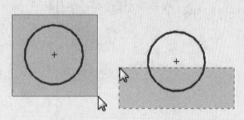

图 2-32 框选选择草图实体

• 镜像操作会为镜像轴两侧的草图实体添加对称的几何关系，当拖动左侧草图实体时，右侧会自动变化，如图 2-33 所示。

提示：确保在"镜像"属性管理器中"复制"处于选中状态。

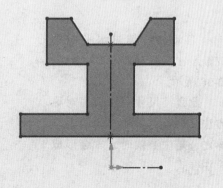

图 2-33 选择"镜像点"

步骤 4：**草图尺寸标注**

• 单击"草图"选项卡中的"智能尺寸"按钮。启动尺寸标注功能，按如图 2-34 所示标注尺寸。

提示：标注角度尺寸时，选择需要标注的两条线段即可完成角度尺寸标注。

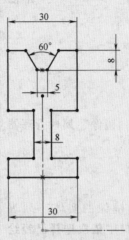

图 2-34 标注草图尺寸

• 在标注带轮内孔直径 φ45 时，依次选取内孔轮廓线段和水平中心线，左右移动指针，形成半径尺寸标注。如图 2-35 所示。如果向下移动指针越过水平中心线，将形成直径尺寸标注。

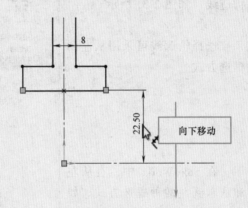

图 2-35 标注半径

• 向下移动指针越过水平中心线。放置尺寸，修改数值为"45"，如图 2-36 所示。

提示：此直径尺寸标注采用对称标注方法。只有需要标注的两个草图实体之一是中心线时，才会形成对称标注样式。

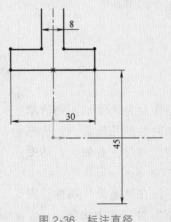

图 2-36 标注直径

• 继续用"智能尺寸"命令完成剩余直径尺寸标注，如图 2-37 所示。

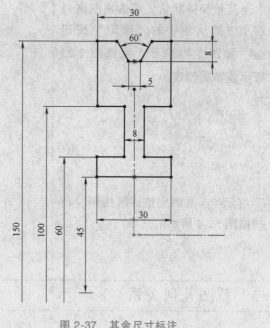

图 2-37　其余尺寸标注

步骤 5：利用草图旋转实体

• 不退出草图环境，单击命令管理器中的"特征"选项卡，再单击"旋转凸台/基体"按钮，系统自动使用此草图进行旋转建模，如图 2-38 所示。

图 2-38　启动"旋转凸台/基体"命令

• 在弹出的"旋转"属性管理器中单击"旋转轴"列表框，在视图窗口中选择"直线 1"为水平中心线，如图 2-39 所示。

图 2-39　选择"旋转轴"

• 其他保持默认，单击视图窗口右上方确认角中的"确定"按钮 ✔，如图 2-40 所示，完成图 2-25 所示模型的创建。

图 2-40　单击"确定"按钮

提示：本案例完整讲解视频，请扫描图 S2-4 所示的二维码。

[图 S2-4]

2.3　草图几何关系

草图中定义草图实体大小和位置时，有两种方式：尺寸标注和几何关系。两者均可完成草图创建的设计意图，实际使用时，两者也常常配合使用完成草图的定义。

在之前案例中已经介绍尺寸标注的方法，本节重点介绍几何关系的使用。

2D 草图中常用几何关系类型及作用见表 2-1。

表 2-1　常用几何关系类型及作用

图　标	名　称	作　用
—	水平	约束草图实体方向到坐标系 X 轴
∣	竖直	约束草图实体方向到坐标系 Y 轴
人	重合	约束草图实体上的点到其他草图实体
固	固定	约束草图实体大小和位置
⊥	垂直	约束两个草图实体相互垂直
╱	共线	约束两个草图实体共线
♂	相切	约束两个草图实体相切
╲╲	平行	约束两个草图实体相互平行
=	相等	约束两个线段长度相等或圆弧直径相等

（续）

图 标	名 称	作 用
 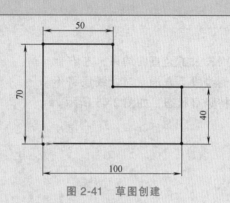 全等	全等	约束两个圆或圆弧同心及半径相等
 同心	同心	约束两个圆或圆弧同心
 对称	对称	约束两个草图实体相对于中心线对称

添加几何关系方法：
- 系统自动推理并添加关系，常用于重合、水平、竖直几何关系。
- 手动添加，手动添加方法很多，快速添加常使用属性管理器。

例 2-3　继续使用 2.1 节中的拉伸草图（图 2-1），使用尺寸标注和几何关系共同完成草图的定义。

绘制草图并完成部分标注

- 利用 2.1 节所述推理功能，完成如图 2-41 所示草图创建。此过程系统为线段自动添加了水平或竖直几何关系，以及线段端点和原点的重合。

图 2-41　草图创建

- 单击前导视图工具栏中的"显示/隐藏项目"展开符号，在展开的菜单中单击"观阅草图几何关系"按钮，可显示窗口中所有几何关系图标，如图 2-42 所示。

提示：不要单击图标，这样会使"显示/隐藏项目"中的所有内容将不可见。如果已经单击，重新单击取消选择。"显示/隐藏项目"中的选项如果是灰色背景，代表可见；如果是白色背景，代表不可见。

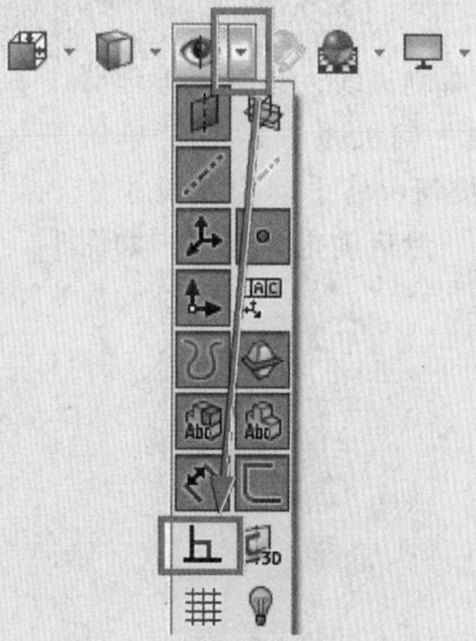

图 2-42　"观阅草图几何关系"图标

● 此时，可以看到"重合""水平""竖直"三种系统自动添加的几何关系，如图2-43所示。

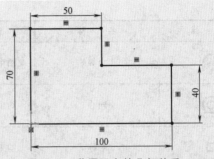

图 2-43　草图已有的几何关系

● 单击最右侧边线的"竖直"几何关系，然后按<Delete>键，把此几何关系删除，如图2-44所示。

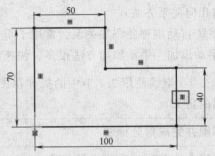

图 2-44　删除几何关系

● 因失去了竖直的约束，左右拖动右侧线段上方端点时，线段将不再保持竖直状态，如图2-45所示。

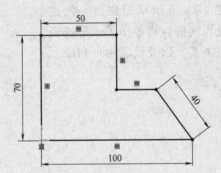

图 2-45　直线失去竖直约束

● 单击右侧边线，在属性管理器的"添加几何关系"区域中单击"竖直"按钮，将手动为线段添加几何关系，然后确定并退出，如图2-46所示。

图 2-46　添加几何关系

● 继续绘制两个圆, 并按图 2-47 所示为左侧圆添加位置及大小尺寸。接下来通过几何关系的方式确定右侧圆的直径及竖直方向的位置尺寸。

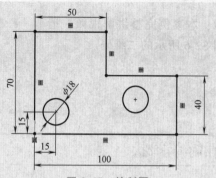

图 2-47 绘制圆

● 按住<Ctrl>键, 依次选择两个圆形边线, 在属性管理器的"添加几何关系"区域中单击"相等"按钮, 将手动为两个圆添加相等几何关系, 然后确定并退出, 如图 2-48 所示。

提示: 此时两个圆通过相等几何关系约束直径相等, 如果更改左侧圆的直径数值, 右侧圆的直径将自动发生变更。

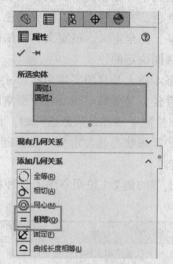

图 2-48 添加"相等"几何关系

提示: 更多几何关系的添加方法, 请扫描图 S2-5 所示的二维码。

[图 S2-5]

● 同样, 采用上述方法, 选择两个圆的圆心, 可以添加"水平"几何关系, 这将约束两个圆心始终保持水平关系。

● 为两个圆添加 60mm 的水平标注, 草图绘制完成。如图 2-49 所示。

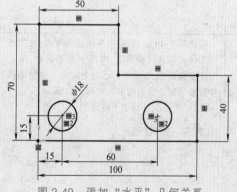

图 2-49 添加"水平"几何关系

提示：本案例完整讲解视频，请
扫描图 S2-6 所示的二维码。

[图 S2-6]

2.4 理解草图状态

从以上案例中可注意到草图实体的颜色（指屏幕上）在变化，当草图实体没有完全约束时，显示蓝色，完全约束后，变成黑色。颜色的变化代表了草图状态的变化，草图有五种状态：欠定义、完全定义、过定义、无法找到解、发现无效的解。草图状态是由草图中的各个草图实体共同决定的。

草图状态本质上是草图实体形状尺寸和位置尺寸的体现。例如，草图中绘制一个圆，既要确定圆的直径，又要确定圆心在草图空间的位置，也就是常说的定形定位。所以在 2.1 及 2.2 两节中，绘制草图都是从原点开始，目的就是利用原点约束草图的整体位置。

常出现的草图状态是欠定义、完全定义和过定义。视图窗口底侧的状态栏实时会显示当前的草图状态。

通过 2.1 节的例 2-1 说明草图的三种状态见表 2-2。

表 2-2　草图的三种状态

类　型	描　　述	图　　解
欠定义	欠定义代表草图实体没有完全约束，缺少形状或位置尺寸。在此图形中，黑色左下端点固定到原点，但用户可拖动右上端点。蓝色表示实体未固定，黑色表示实体已固定。但需要注意的是：虽然右侧边线是黑色，但是其上方端点是蓝色的，所以此边线可以延上方端点拖动，即缺少形状尺寸的约束。如图 2-50 所示。 提示：状态栏显示如下内容 欠定义　在编辑 草图1	图 2-50　欠定义状态
完全定义	标注尺寸 40 后，矩形本身固定到原点，在尺寸和几何关系共同约束下，草图完全被固定，所有实体变成黑色，表示矩形已完全定义。此时形状和位置均完全受到约束。如图 2-51 所示。 提示：状态栏显示如下内容 完全定义　在编辑 草图1	图 2-51　完全定义状态

（续）

类　型	描　　述	图　解
过定义	继续标注尺寸 50，将产生冗余，冗余尺寸对草图产生过度约束。如图 2-52 所示。参数化建模方式决定了水平方向已知两个尺寸即可确定第三条线段长度，虽然此时上方两线段总长等于下方线段，但是三条线段中任何一条长度修改后，这一关系都不再成立 提示：状态栏显示如下内容 ⚠过定义 在编辑 草图1 提示：添加第二个尺寸 50 标注时，系统会自动进行过定义检测，并提示用户做出选择，选择"保留此尺寸为驱动"选项，则会产生过定义状态，选择"将此尺寸设为从动"选项，则不会产生过定义状态，此时新加尺寸仅作为参考尺寸，如图 2-53 所示	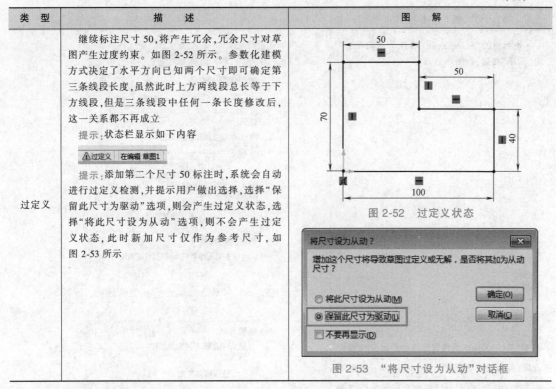 图 2-52　过定义状态 图 2-53　"将尺寸设为从动"对话框

尽管使用欠定义的草图可以生成特征，但强烈建议生产模型应完全定义草图。草图为参数性质，如果完全定义，可预料其变更。当草图过定义时，说明草图参数存在严重问题，需要处理，使其变成完全定义。

过定义草图处理方法：

- 利用草图的"SketchXpert"属性管理器自动处理。
- 手动删除多余的尺寸标注或几何关系。

"SketchXpert"属性管理器的处理方式见表 2-3。

表 2-3　"SketchXpert"属性管理器的处理方式

描　述	图　解
• 单击状态栏"过定义"按钮，如图 2-54 所示。	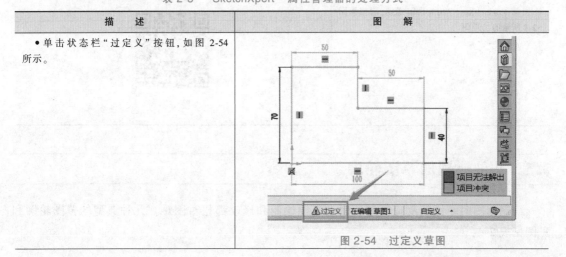 图 2-54　过定义草图

（续）

描　　述	图　　解
• 在弹出的"SketchXpert"属性管理器中，单击"诊断"按钮，如图 2-55 所示。	 图 2-55　"SketchXpert"属性管理器（一）
• "SketchXpert"属性管理器会列出 9 种解决方案，可通过单击按钮 << 和 >> 切换解决方案。同时，视图窗口也会对应显示该方案需要删除的尺寸标注或几何关系。选择一种方案后单击"接受"按钮，即可完成过定义的处理，如图 2-56 所示。	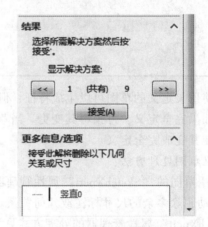 图 2-56　"SketchXpert"属性管理器（二）
提示："SketchXpert"相关讲解视频，请扫描图 S2-7 所示的二维码	 [图 S2-7]

2.5　几种典型的草图轮廓

绘制草图时草图轮廓应简单，复杂草图绘制和修改都相对困难。几种典型的草图轮廓和实例见表 2-4：

表 2-4 几种典型的草图轮廓

草图轮廓	草图实例	特征实例
单一开环		
单一闭环		
多个非连通开环		
单层嵌套式闭环		
多个非连通闭环		
非连通的闭环和开环		使用薄壁特征或手动选择草图轮廓
多层嵌套式闭环		无法直接生成特征，需手动选择草图轮廓
交叉闭环		无法直接生成特征，需手动选择草图轮廓

表 2-4 中列出的草图轮廓，从功能上都是可以利用并生成特征的。但是，用户需要清楚，在使用 SolidWorks 进行设计时，优先考虑的是将设计意图顺利传递，而不是构建模型。单一闭环轮廓和单层嵌套式闭环轮廓因轮廓简单，参数信息集中在草图中，更利于传递设计意图和修改，因此在实际设计中被大量使用。

2.6　专项练习

练 2-1　**草图剪裁、等距实体**　创建如图 2-57 所示零件，主要绘图步骤如下。

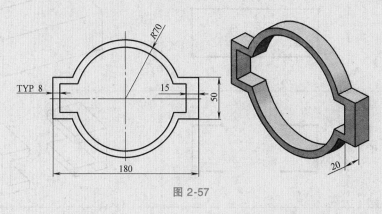

图 2-57

● 使用中心矩形及中心圆绘制如图 2-58 所示草图。

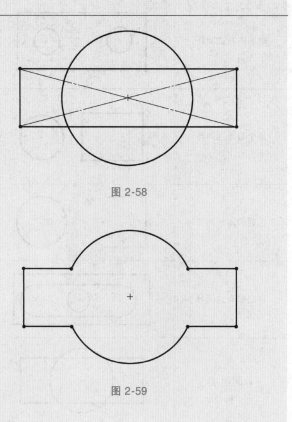

图 2-58

● 使用"剪裁实体"命令将草图修改至如图 2-59 所示形状。

图 2-59

提示：使用"剪裁实体"命令中的"强劲剪裁"可完成所有剪裁工作。使用时，单击鼠标左键不放，指针划过需要剪裁的草图实体，即可完成剪裁工作。具体操作如图 2-60 所示。

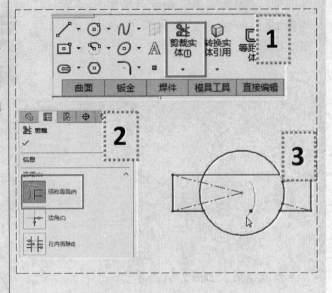

图 2-60

• 完成草图尺寸标注，并添加适当的几何关系，如图 2-61 所示。

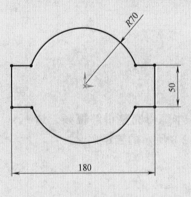

图 2-61

• 使用草图"等距实体"命令向内侧等距 8mm，如图 2-62 所示。

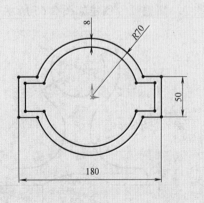

图 2-62

提示："等距实体"命令可添加等距的几何关系。具体操作如图2-63所示。

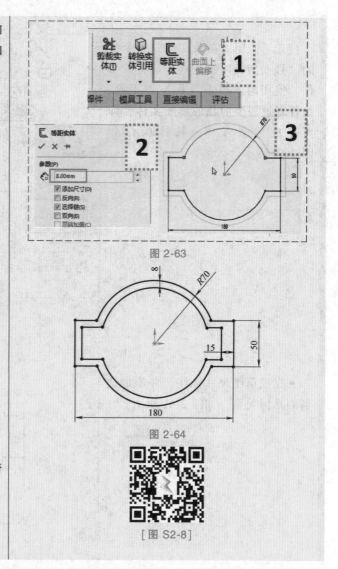

图 2-63

- 修改草图，如图2-64所示。

- 拉伸实体。

图 2-64

提示：本练习完整讲解视频，请扫描图 S2-8 所示的二维码。

[图 S2-8]

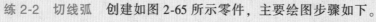

练 2-2 切线弧 创建如图 2-65 所示零件，主要绘图步骤如下。

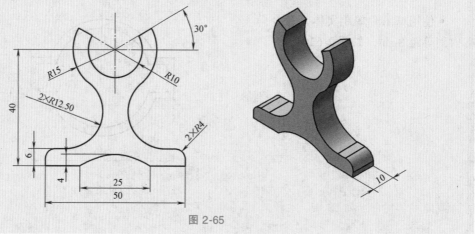

图 2-65

● "切线弧"命令是绘制与其他草图实体相切圆弧的工具。使用"切线弧"命令最简单的方法是，使用"直线"命令绘制连续线段时，按下键盘的字母<A>键，则切换成切线弧绘制状态，再次按下<A>键，则切换回直线绘制状态。

● 使用"切线弧"命令连续绘制一侧草图轮廓，如图2-66所示。

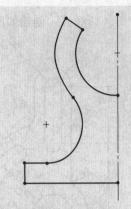

图 2-66

● 镜像并完成草图修改，如图2-67所示。

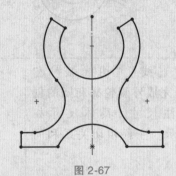

图 2-67

● 标注尺寸并添加适当几何关系，如图2-68所示。

● 拉伸草图。

图 2-68

提示："切线弧"命令介绍及本练习完整讲解视频，请扫描图S2-9所示的二维码。

[图 S2-9]

练 2-3　槽口、切线弧　创建如图 2-69 所示零件，主要绘图步骤如下。

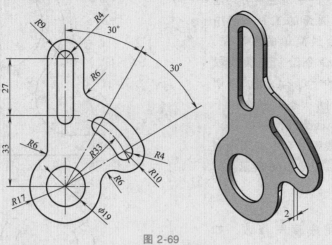

图 2-69

● 用"直线""切线弧"和"圆"命令完成外侧轮廓和圆的创建，并标注尺寸，具体尺寸如图 2-70 所示。注意相切关系和同心约束。

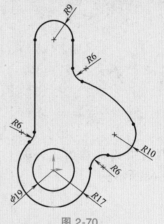

图 2-70

● 用"槽口"命令里面的"直槽口"和"中心点圆弧槽口"选项画出两个槽口轮廓，注意同心约束，如图 2-71 所示。

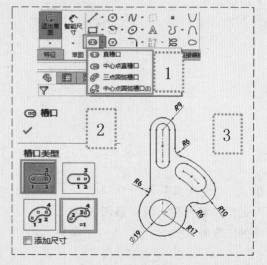

图 2-71

• 标注尺寸并添加适当几何关系，如图 2-72 所示。

• 拉伸草图。

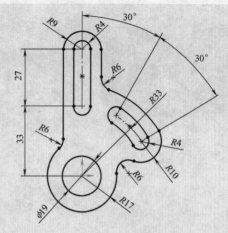

图 2-72

[图 S2-10]

提示：切线弧、槽口工具介绍及本练习完整讲解视频，请扫描图 S2-10 所示的二维码。

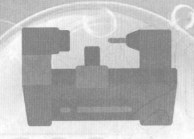

第 3 章

零件建模

学习目标

分析拆解零件结构

选择最佳草图轮廓

选择适当的草图平面

了解和使用更多的建模特征

选择适当特征创建零件

内容介绍

    SolidWorks 零件设计是基于特征的建模方式。在进行零件设计时，使用 Solid-Works 将零件拆分成简单易于理解的几何体特征（如凸台、切除、孔、筋、圆角和拔模等），通过相应的建模顺序与建模方法将不同特征进行组合，最终完成零件设计。

    本章通过几个常见零件实例和其他练习实例来学习零件的创建，并通过实例与练习介绍各个不同 SolidWorks 建模特征命令与建模方法。

3.1　创建燕尾座零件

例 3-1　创建燕尾座零件，如图 3-1 所示。

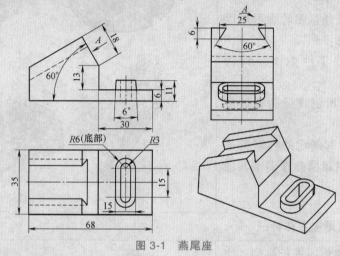

图 3-1　燕尾座

步骤 1：新建并保存零件

- 使用"gb_ part"模板新建零件。
- 单击"保存"按钮，并将零件命名为"燕尾座"。

步骤 2：创建草图

- 选择右视基准面作为草图基准面，完成草图如图 3-2 所示。

提示：注意坐标原点在草图中的位置。坐标原点的位置将影响零件在建模空间的位置与后续建模步骤。

提示：第一草图基准面选择不会影响零件建模成败，但会影响零件的观察视角与工程图视图方向，也会影响建模方法的高效性，如图 3-3 所示。

第一草图基准面选择可以从以下几个方面考虑：

1）零件放置方位应使主要面与基准面平行，主要轴线与基准面垂直。

2）观察视角尽可能多的反映零件的特征形状。

3）有利于减少工程图中的虚线，并方便布置视图等。

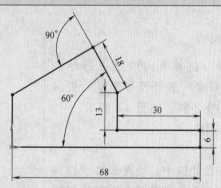

图 3-2　最佳草图轮廓

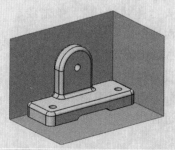

图 3-3　草图基准面选择

提示：最佳草图轮廓是指创建零件第一个特征应选择的草图。最佳草图的选择体现了设计意图和建模方法，示例如图3-4所示。

选择零件的最佳草图轮廓可从以下几个方法考虑：

1）最能反映零件主体结构的轮廓。

2）选择轮廓所创建模型特征多于其他轮廓。

3）所选择轮廓创建的模型特征为后续建模提供建模参考多于其他轮廓。

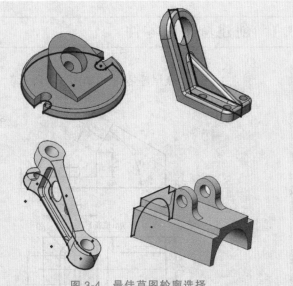

图3-4　最佳草图轮廓选择

步骤3：创建燕尾座主体特征

• 选择已完成草图进行拉伸，完成燕尾座主体结构。"方向1"终止条件："两侧对称"，拉伸深度："35mm"，其他默认。如图3-5所示。

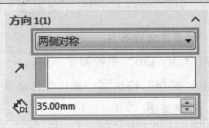

图3-5　拉伸凸台/基体参数

提示：拉伸方向中可通过单击"给定深度"展开符号▼显示更多拉伸终止条件，如图3-6所示。

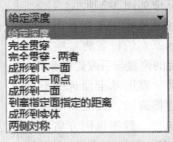

图3-6　拉伸终止条件

• 在设计树中，缓慢双击"拉伸1"，当名称高亮显示并为可编辑状态时，输入"主体结构"，单击绘图区域空白处退出特征名称编辑状态，如图3-7所示。

提示：设计树中的任何特征（除零件本身外）都可以重命名，可为以后建模过程中查询、编辑和修改提供帮助。

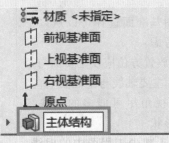

图3-7　特征重命名

"从"选项区域中拉伸特征的开始条件和终止条件分别见表3-1、表3-2。

表3-1 拉伸特征的开始条件

名　称	说　明	示　例
草图基准面	从草图所在的基准面开始拉伸	
曲面/面/基准面	从制定的曲面、面、基准面这些实体开始拉伸。实体可以是平面或非平面。平面实体不必与草图基准面平行。草图必须完全包含在非平面曲面或面的边界内。草图在开始曲面或平面处依从非平面实体的形状	
顶点	从一个平行于草图基准面的平面开始拉伸,这个平面平行于指定的顶点	
偏移	从与当前草图基准面等距的基准面上开始拉伸。在输入等距值中设定等距距离	

表3-2 拉伸特征的终止条件

名　称	说　明	示　例
给定深度	从草图基准面以指定的距离延伸特征	

名　称	说　明	示　例
完全贯穿	从草图的基准面拉伸特征直到贯穿所有现有的几何体	
完全贯穿—两者	从草图的基准面拉伸特征直到贯穿"方向 1"和"方向 2"中的所有现有几何体	
成形到下一面	从草图的基准面拉伸特征到下一面（隔断整个轮廓）以生成特征。（下一面必须在同一零件上）	
成形到顶点	从草图基准面拉伸特征到一个平面，这个平面平行于草图基准面且穿越指定的顶点。当前草图顶点是"成形到顶点"拉伸的有效选择	
成形到面	从草图的基准面拉伸特征到所选择的曲面以生成特征	
到离指定面指定的距离	从草图的基准面拉伸特征到某个面或曲面之特定距离平移处以生成特征	
两侧对称	从草图基准面向两个方向对称拉伸特征	

步骤4：**创建燕尾槽**

• 选择如图 3-8 所示平面作为草图基准面，完成燕尾槽草图，如图 3-9 所示。

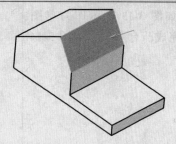

图 3-8 草图基准面

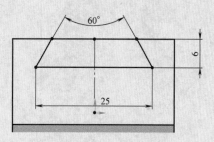

图 3-9 燕尾槽草图

• 单击命令管理器中的"特征"选项卡。选择已完成的燕尾槽草图轮廓，单击"拉伸切除"按钮，启动"拉伸切除"命令，"方向1"终止条件修改为"完全贯穿"，单击"确定"按钮 ✓，生成燕尾槽特征，如图 3-10 所示。

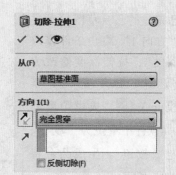

图 3-10 修改拉伸切除参数

提示：如预览中发现拉伸切除方向错误，可通过"方向"中"反向"命令 ↗ 改变拉伸方向，如图 3-11 所示。

提示："拉伸切除"命令与"拉伸凸台/基体"命令操作方法相似。区别在于前者为去除材料，后者为增加材料。SolidWorks 中有很多类似的命令，在默认的命令管理器上的"特征"选项卡中也做了明细区分，如图 3-12 所示。

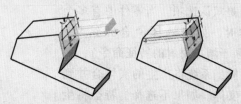

图 3-11 改变拉伸方向

增加材料命令　　　　去除材料命令

图 3-12 "特征"选项卡

步骤 5：创建凸台

• 选择如图 3-13 所示作为草图基准面，完成凸台草图，如图 3-14 所示。

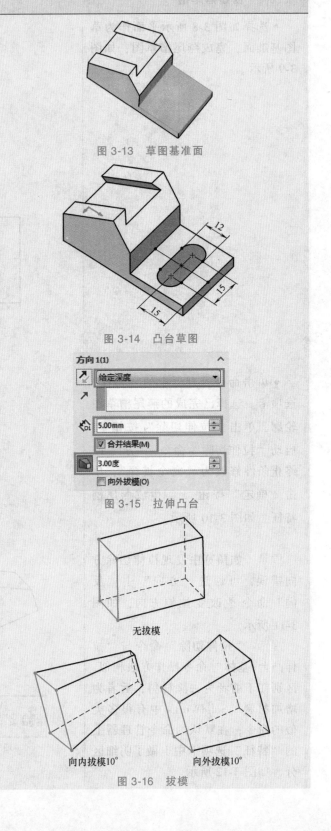

图 3-13　草图基准面

图 3-14　凸台草图

• 选择已完成的凸台草图轮廓进行拉伸，"方向 1"终止条件修改为"给定深度"，拉伸深度修改为"5mm"并选择"合并结果"，单击开启拔模开关 ，拔模角度修改为"3°"（软件中单位为"度"），单击"确定"按钮 ✓ 生成凸台特征，如图 3-15 所示。

图 3-15　拉伸凸台

提示：在 SolidWorks 中"合并结果"是默认选项。当零件中有多个实体时，如果选择"合并结果"（仅限于增加材料的特征命令），如有可能，系统将产生的实体合并到现有实体。如果不选择，特征将生成不同实体。

提示：在拉伸特征中增加拔模，并设置拔模角度，默认为"向内拔模"，可选择"向外拔模"。如图 3-16 所示

无拔模

向内拔模10°　　向外拔模10°

图 3-16　拔模

提示：更多拉伸讲解视频，请扫描图 S3-1 所示的二维码。

[图 S3-1]

步骤 6：创建槽孔

• 选择如图 3-17 所示平面作为草图基准面，创建槽孔草图，如图 3-18 所示。

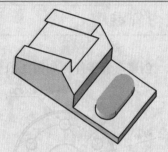

图 3-17 草图基准面

• 选择已完成的槽孔草图轮廓，进行拉伸切除。"方向 1"终止条件为"完全贯穿"，其他默认。

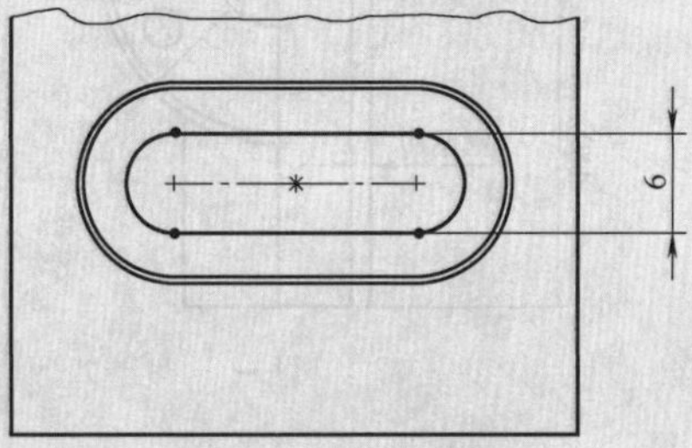

图 3-18 槽孔草图

提示："拉伸切除"命令默认为去除草图轮廓内材料，可选择反侧切除，去除草图轮廓外材料。如图 3-19 所示。

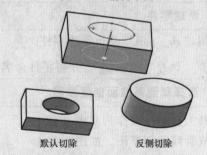

默认切除   反侧切除

图 3-19 反侧切除

• 查看确认零件有无错误，单击"保存"按钮 💾，完成燕尾座建模，如图 3-20 所示。

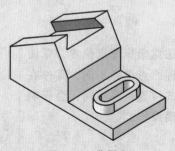

图 3-20 燕尾座

3.2　创建弯管零件

例 3-2　创建弯管零件，如图 3-21 所示。

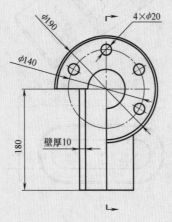

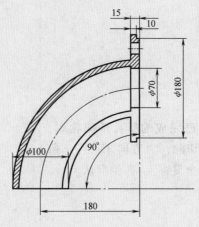

图 3-21　弯管

步骤 1：新建零件

- 使用 "gb_ part" 模板新建零件。
- 单击 "保存" 按钮，并将零件命名为 "弯管"。

步骤 2：选择草图基准面创建草图

- 选择上视基准面作为草图基准
面，完成管筒截面草图，如图 3-22
所示。

提示：注意坐标原点位置，草图
绘制时坐标原点位置不同，零件在
建模空间的位置也将不同，会影响
到后续建模操作。

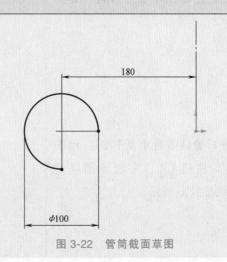

图 3-22　管筒截面草图

步骤3："旋转"命令创建管筒

●单击命令管理器中的"特征"选项卡。选择已完成的管筒截面草图轮廓，单击"旋转凸台/基体"按钮，启动"旋转"命令。选择草图中心线为旋转轴，"方向1"角度修改为"90度"，选择"薄壁特征"选项，类型选择"单向"向内，厚度改为"10mm"，单击"确定" ✔ 按钮，完成管筒体结构创建，如图3-23、图3-24所示。

提示：旋转特征操作方法与拉伸类似又有不同，旋转特征需要选择一轴作为特征旋转轴。根据所生成的旋转特征的类型，此轴可以为中心线、直线或一边线。

提示：使用"薄壁特征选项"可以控制特征厚度，常用增加材质的建模命令（如：拉伸凸台/基体、旋转凸台/基体、扫描、放样凸台/基体等）均可以生成薄壁特征。

设定薄壁特征厚度的类型有：

1）单向：设定从草图以一个方向（向外/向内）等距的厚度。

2）两侧对称：设定以两个方向从草图均等距的厚度。

3）双向：设定不同的等距厚度，"方向1"厚度和"方向2"厚度。

如图3-25所示。

图3-23 旋转操作设置

图3-24 旋转轴

图3-25 薄壁特征类型

步骤4：创建法兰

- 选择前视基准面作为草图基准面，绘制法兰草图，如图3-26所示

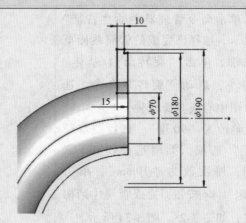

图 3-26　法兰草图

- 选择已完成的法兰截面草图轮廓，进行旋转。选择草图中心线为旋转轴，"方向1"角度修改为"180"度，选择"方向2"，"方向2"角度修改为"90度"，其他默认。单击"确定"按钮✓，完成法兰结构创建，如图3-27所示。

提示：当草图中仅有一条构造线直线时，"旋转"命令会默认该直线为旋转轴。

提示：在"拉伸"和"旋转"命令中均有"方向2"选项。通过"方向2"可以另选一个方向创建特征，并设置不同的终止条件。"方向2"操作方法与"方向1"相同。

提示：更多旋转操作讲解视频，请扫描图S3-3所示的二维码。

图 3-27　创建法兰

［图 S3-3］

步骤5：使用异型孔向导创建孔

• 单击命令管理器上的"特征"选项卡，再单击"异型孔向导"命令，如图 3-28 所示。在"孔规格"属性管理器中，"孔类型"选择"孔"，"标准"为"GB"，"类型"为"钻孔大小"，"大小"为"φ20"，"终止条件"为"给定深度"，深度为"15mm"。如图 3-29 所示。

图 3-28 "异型孔向导"命令

提示："异形孔向导"命令可以帮助设计者快速生成各种自定义孔。

• 单击"孔规格"属性管理器中"位置"标签，如图 3-30 所示。

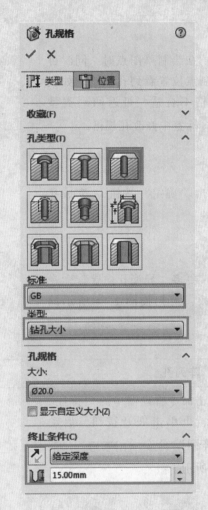

图 3-29 "异型孔向导"参数设置

图 3-30 "位置"标签

● 单击如图 3-31 所示面，系统自动进入草图绘制状态，并激活草图绘制"点"命令。

● 使用草图绘制命令，在草图中绘制孔中心点并进行约束，如图 3-32 所示。

提示：在绘制草图点时，同时可以在绘制点位置看到孔预览。如发现孔规格不合适，可返回到类型 类型 标签中修改孔规格。

● 单击"确定"按钮 ✔ 完成孔特征创建。

提示：更多"异型孔向导"命令讲解视频，请扫描图 S3-4 所示的二维码。

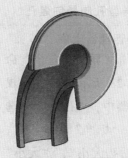

图 3-31　孔位置

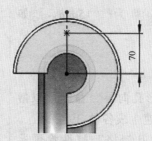

图 3-32　绘制孔位置

[图 S3-4]

步骤 6：阵列孔

● 单击命令管理器中的"特征"选项卡，再单击展开按钮，启动"圆周阵列"命令 圆周阵列，如图 3-33 所示。

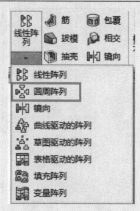

图 3-33　启动"圆周阵列"命令

● 在"阵列（圆周）"属性管理器中，选择法兰圆弧边线为阵列轴，阵列方式为"等间距"，角度修改为"360"度，实例数修改为"6"，阵列特征选择创建完成的异形孔向导特征。单击打开"可跳过的实例"区域，依次单击预览中未在实体处创建实例。其他默认，如图 3-34 所示。

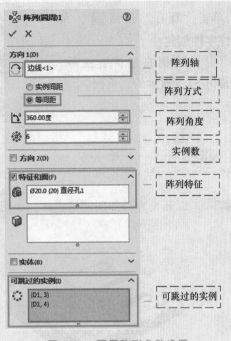

图 3-34　圆周阵列参数设置

提示：在生成阵列时可跳过在图形区域中选择的阵列实例。当将鼠标移动到每个阵列实例上时，指针变为👆。单击选择阵列实例，阵列实例的坐标出现。若想恢复阵列实例，再次单击实例，如图 3-35 所示。

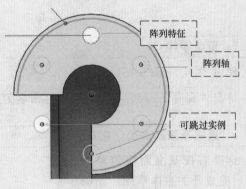

图 3-35　圆周阵列

● 单击"确定"按钮 ✓，完成创建孔阵列特征，如图 3-36 所示。

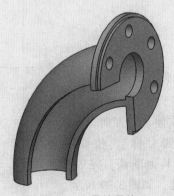

图 3-36　最终零件

- 单击"保存"按钮 🖫 ，完成最终零件创建。

提示：本案例完整讲解视频，请扫描图 S3-5 所示的二维码。

[图 S3-5]

3.3 创建塑壳件（开关）

例 3-3 以开关为示例创建塑壳件，如图 3-37 所示。

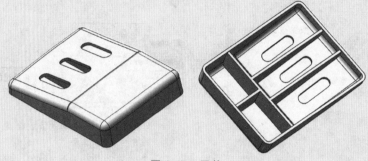

图 3-37 开关

步骤 1：**新建零件**

- 使用"gb_ part"模板新建零件。 🗐
- 单击"保存"按钮 🖫 ，并将零件命名为"开关"。

步骤 2：**选择草图基准面创建草图**

- 选择右视基准面作为草图基准面，完成开关主体草图，如图 3-38 所示。

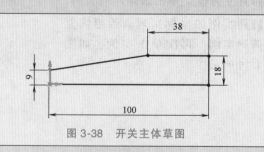

图 3-38 开关主体草图

步骤 3：**拉伸开关主体**

- 选择已完成的开关主体草图轮廓进行拉伸。"方向 1"终止条件为"两侧对称"，拉伸深度为"75mm"，其他默认。完成开关主体结构创建，如图 3-39 所示。

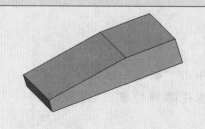

图 3-39 拉伸开关主体

步骤4：创建拔模

● 在命令管理器的"特征"选项卡中，单击"拔模"按钮  拔模，启动"拔模"命令，如图3-40所示。

图 3-40 启动"拔模"命令

● 在弹出的"拔模"属性管理器中，"拔模类型"选择"中性面"，"拔模角度"修改为"3度"，"中性面"选择模型底面，"拔模面"选择侧边面，单击"确定"按钮 ✓，完成拔模操作。如图3-41所示。

提示：属性管理器中，文本框为蓝色状态表示该文本框为输入状态。单击文本框可激活文本框的输入状态。

提示："拔模"命令中可选择进行拔模的类型，分别为"中性面""分型线"和"阶梯拔模"。"拔模角度"可定义拔模斜度大小，拔模角度是垂直于中性面并沿拔模方向进行测量的。"中性面"可选择一个面或基准面，中性面可定义拔模方向，如预览中发现拔模方向错误，可单击"反向"按钮 ⚡ 反转拔模方向。

提示："拔模"命令讲解视频，请扫描图S3-6所示的二维码。

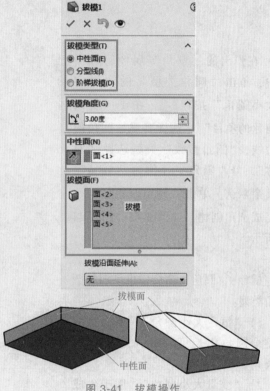

图 3-41 拔模操作

[图 S3-6]

步骤5：添加圆角

• 单击命令管理器上的"特征"选项卡，再单击"圆角"按钮 ，启动"圆角"命令，如图3-42所示。

图3-42 启动"圆角"命令

• 在弹出的"圆角"属性管理器中，单击"圆角类型"的"恒定大小圆角"按钮 ，在要"要圆角化的项目"中选择要添加圆角的边线，"圆角参数"类型选择"对称"，修改圆角半径值为"5mm"，其余默认。单击"确定"按钮 ，完成圆角创建，如图3-43、图3-44所示。

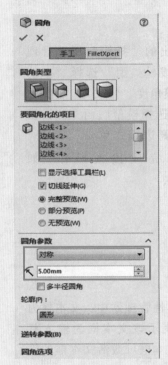

图3-43 "圆角"参数设置

提示："圆角"命令提供了四种圆角类型：

1）"恒定大小圆角"，用于生成整个圆角化长度都有固定尺寸的圆角。

2）"变量大小圆角"，用于生成变半径值的圆角。使用控制点来帮助定义圆角。

3）"面圆角"，用于混合非相邻、非连续的面生成圆角。

4）"完整圆角"，生成相切于三个相邻面组（一个或多个面相切）的圆角。

需要圆角化的边线

图3-44 圆角操作

提示：更多"圆角"命令讲解视频，请扫描图S3-7所示的二维码。

[图S3-7]

步骤6：抽壳

● 单击命令管理器上的"特征"选项卡，再单击"抽壳"按钮 🗐 抽壳，启动"抽壳"命令，如图3-45所示。

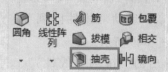

图3-45 启动"抽壳"命令

● 在弹出的"抽壳"属性管理器中，修改抽壳厚度为"2mm"，选择抽壳要移除的面，其余默认，单击"确定"按钮 ✓，完成抽壳特征，如图3-46所示

提示："抽壳"命令会掏空零件，使所选择的面敞开，在剩余的面上生成薄壁特征。如果没选择模型上的任何面，可抽壳实体零件，生成闭合、掏空的模型。也可使用多个厚度来抽壳模型。

提示："抽壳"命令更多讲解视频，请扫描图S3-8所示的二维码。

图3-46 创建抽壳

[图S3-8]

步骤7：添加长孔

● 选择基体斜面为草图基准面，使用草图绘制命令完成长孔草图，如图3-47所示。

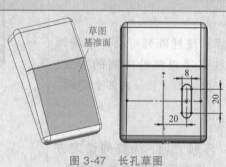

图3-47 长孔草图

● 选择已完成的长孔草图进行拉伸切除。"方向1"终止条件为"完全贯穿"，其他默认。完成长孔特征创建，如图3-48所示。

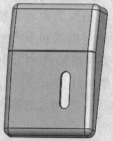

图3-48 长孔特征创建

- 单击命令管理器中的"特征"选项卡，再单击"线性阵列"按钮，启动"线性阵列"命令，如图3-49所示。

- 在弹出的"阵列（线性）"属性管理器中，"方向1"选择壳体横向边线为阵列方向，阵列方式选择"间距与实例数"，间距修改为"20mm"，实例数修改为"3"。其他默认。单击"确定"按钮 ✓ ，完成长孔阵列特征，如图3-50所示。

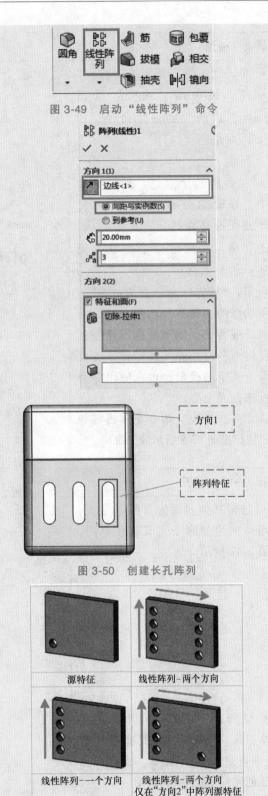

图 3-49 启动"线性阵列"命令

图 3-50 创建长孔阵列

提示：线性阵列可沿一条或两条直线路径以线性阵列的方式，生成一个或多个特征的多个实例。

1）阵列方向：为阵列设定方向。可以选择线性边线、直线、轴、尺寸、平面的面和曲面、圆锥面和曲面、圆形边线和参考平面。单击反转方向按钮 ↗ 可反转阵列方向。如图3-51所示。

2）间距与实例：单独设置实例数和间距。

源特征　线性阵列-两个方向

线性阵列-一个方向　线性阵列-两个方向 仅在"方向2"中阵列源特征

图 3-51 线性阵列

3）只阵列源：通过只使用源特征而不是复制"方向1"的阵列实例在"方向2"中生成线性阵列，如图3-52所示。

选择"只阵列源"　　取消选择"只阵列源"

图 3-52　"只阵列源"选项说明

提示："线性阵列"命令更多讲解视频，请扫描图 S3-9 所示的二维码。

［图 S3-9］

步骤8：创建基准面

- 单击命令管理器上的"特征"选项卡，再单击"参考几何体"按钮，在展开列表中单击"基准面"按钮 基准面 ，启动"基准面"命令，如图3-53所示。

图 3-53　启动"基准面"命令

- 在弹出的"基准面"属性管理器中，选择壳体端面为"第一参考"，单击激活"偏移距离"命令，修改偏移距离为"1mm"，单击"确定"按钮 ✔ ，完成基准面的创建，如图3-54所示。

提示：如若基准面偏移方向错误，可选择"反向等距"选项。此处基准面向内与模型交叉。

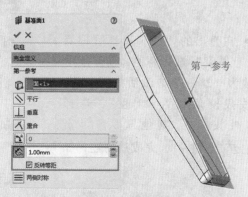

图 3-54　创建基准面

提示："基准面"命令可以通过选择一个或多个（最多3个）几何体，并对几何体应用约束以定义参考基准面。

提示：基准面操作讲解视频，请扫描图 S3-10 所示的二维码。

［图 S3-10］

步骤9：添加筋

• 选中已创建好的基准面绘制草图，使用草图工具完成筋草图，如图3-65所示。

提示：筋草图轮廓既可以是开环轮廓也可以是闭环轮廓，用来定义生成筋的位置。当轮廓为开环轮廓时筋特征会自动延伸至材料处截止。

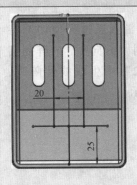

图3-55 绘制筋草图

• 单击命令管理器上的"特征"选项卡，再单击"筋"按钮 筋，启动"筋"命令，如图3-56所示。

图3-56 启动"筋"命令

• 在弹出的"筋"属性管理器中，"厚度"选择两侧，筋厚度值修改为"2"，单击激活拔模开关，修改拔模角度为"1度"，选择"向外拔模"，其他默认。单击"确定"按钮 ✓，完成筋创建，如图3-57所示。

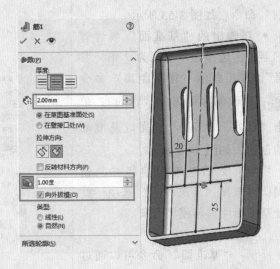

图3-57 生成筋

提示：筋是从开环或闭环绘制的轮廓所生成的特殊类型拉伸特征。它在轮廓与现有零件之间添加指定方向和厚度的材料。可以使用单一或多个草图生成筋，也可以用拔模操作生成筋特征，或者选择一个要拔模的参考轮廓。

1）厚度：为所选草图添加厚度。

2）筋厚度：为筋设置厚度值。如果添加拔模，可以设置草图基准面或壁接口处的厚度。

3）拉伸方向：为筋生成选择基于草图基准面的方向。

4）反转材料方向：更改拉伸方向。

5）拔模开关：添加拔模到筋。设置拔模角度以指定拔模斜度。

6）类型：选择材料延伸方式。

筋的设置如图 3-58 所示。

提示：筋操作更多讲解视频，请扫描图 S3-11 所示的二维码。

● 单击"保存"按钮 ，完成开关零件创建，如图 3-59 所示。

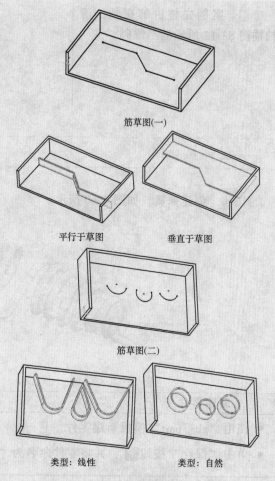

筋草图(一)

平行于草图 　　垂直于草图

筋草图(二)

类型：线性 　　类型：自然

图 3-58　筋设置

[图 S3-11]

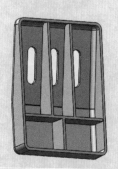

图 3-59　开关

[图 S3-12]

3.4 创建弹簧

例 3-4 创建弹簧，如图 3-60 所示。

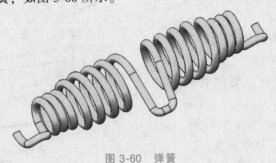

图 3-60 弹簧

步骤 1：新建零件

- 使用"gb_ part"模板新建零件。
- 单击"保存"按钮📁，并将零件命名为"弹簧"。

步骤 2：创建螺旋线

- 创建基准面，"第一参考"选
择"右视基准面"，偏移距离值为
"2mm"，如图 3-61 所示。

图 3-61 创建基准面

• 选择已创建完成的基准面作为草图基准面，完成螺旋线草图如图 3-62 所示。

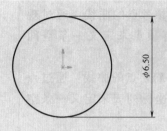

图 3-62　螺旋线草图

• 单击已完成的螺旋线草图，单击命令管理器中的"特征"选项卡，再单击"曲线"按钮，在展开列表中选择"螺旋线/涡状线"，启动"螺旋线/涡状线"命令，如图 3-63 所示。

图 3-63　启动"螺旋线/涡状线"命令

提示：曲线命令可以使用多种方法帮助用户生成多种类型的空间曲线。

1）投影曲线：从草图投影到模型面或曲面上，或从相交的基准面上将绘制的线条投影到模型面或曲面上，从而得到与模型面或曲面重合的空间曲线。如图 3-64 所示。

2）组合曲线：将曲线、草图几何体和模型边线组合成一条空间曲线。

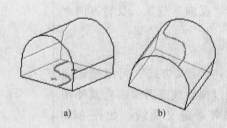

a)　　　　　b)

图 3-64　投影曲线

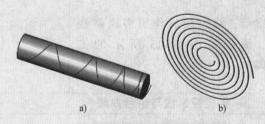

a)　　　　　b)

图 3-65　螺旋线/涡状线

3）螺旋线/涡状线：指定一个圆形草图、螺距、圈数及高度来定义一条螺旋线或涡状线。如图 3-65 所示。

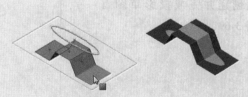

图 3-66　分割线

4）分割线：将草图投影到平面或曲面上。如图 3-66 所示。

5）通过参考点的曲线：通过现有点或现有顶点来定义一条空间曲线。

6）通过 *XYZ* 点的曲线：通过点的 *x*、*y*、*z* 坐标列表来定义一条空间曲线。

- 在弹出的"螺旋线/涡状线"属性管理器中，"定义方式"选择"螺距和圈数"，"参数"选择"可变螺距"，"区域参数"按照图 3-67 所示填写，"起始角度"修改为"90°"，旋转方向选择"逆时针"方向，其他默认。单击"确定"按钮 ✓，完成螺旋线创建，如图 3-67 所示。

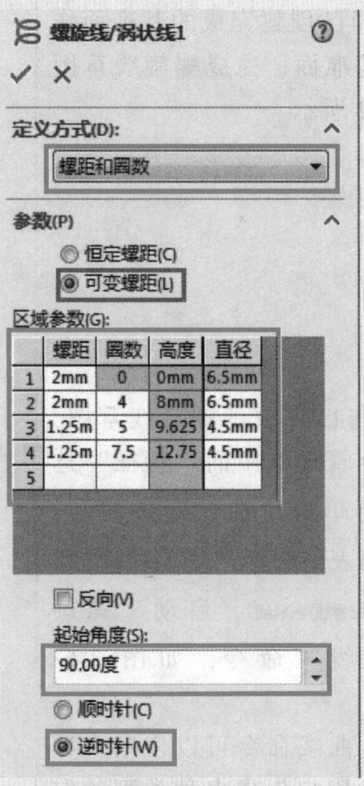

提示：如螺旋线延伸方向错误，可选择"反向"选项，反转方向。

提示："定义方式"可以指定曲线类型（螺旋线或涡状线）及使用哪些参数来定义曲线。如图 3-68 所示。

提示：螺旋线操作更多讲解视频，请扫描图 S3-13 所示的二维码。

图 3-67　创建螺旋线

图 3-68　定义方式的类型

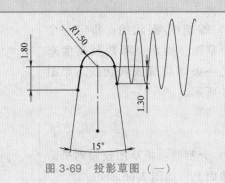

[图 S3-13]

步骤3：创建投影线与组合曲线

- 选择前视基准面作为草图基准面创建并完成投影草图（一），如图 3-69 所示。

图 3-69　投影草图（一）

提示：使螺旋线穿透投影草图
（一）轮廓线端点。"穿透"可用
来定义空间中一个基准轴、边线、
直线或样条曲线穿过一个点的几
何关系。

• 选择右视基准面作为草图基
准面，创建并完成投影草图
（二），如图 3-70 所示。

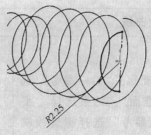

图 3-70　投影草图（二）

提示：注意草图方位，如果草
图方位错误将导致投影曲线错误
或不能进行投影。

• 单击命令管理器上的"特
征"选项卡，再单击"曲线"按
钮，在展开列表中选择"投影
曲线" 投影曲线，启动"投影
曲线"命令，如图 3-71 所示。

图 3-71　启动"投影曲线"命令

• 在弹出的"投影曲线"属性
管理器中，"投影类型"选择
"草图上草图"，选择已完成的
"投影草图 1"和"投影草图 2"
作为要投影草图，单击 ✓ 确定，
完成投影曲线的创建，如图 3-72、
图 3-73 所示。

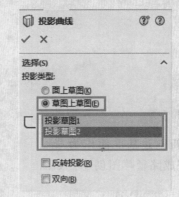

图 3-72　投影曲线参数设置

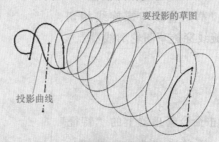

图 3-73　投影曲线

提示：使用"投影曲线"命令
可以将绘制的曲线投影到模型面
上来生成一条空间曲线，也可以
将两个基准面相交的草图曲线进
行投影生成一条空间曲线。

提示：投影曲线操作更多讲解视
频，请扫描图 S3-14 所示的二维码。

[图 S3-14]

步骤4：组合曲线

• 创建基准面，"第一参考"选择"上视基准面"，约束选择"平行"，"第二参考"选择螺旋线端点，约束选择"重合"，单击"确定"按钮 ✓，完成基准面创建，如图3-74所示。

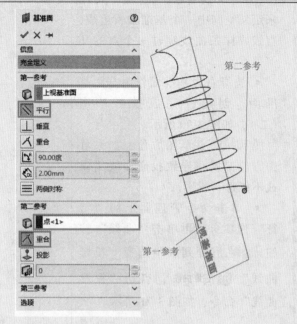

图3-74　创建基准面

• 选择新创建基准面作为草图基准面，完成路径草图创建，如图3-75所示。

提示：草图直线与螺旋线相切，并使螺旋线穿透草图轮廓线端点。

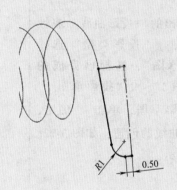

图3-75　创建路径草图

• 单击命令管理器上的"特征"选项卡，再单击"曲线"按钮 ，在展开列表中选择"组合曲线" ，启动"组合曲线"命令，如图3-76所示。

图3-76　启动"组合曲线"命令

• 在弹出的"组合曲线"属性管理器中，"要连接的实体"依次选择已生成的路径草图、螺旋线与投影线，单击"确定"按钮 ✔，将三条曲线组合成一条曲线，如图 3-77 所示。

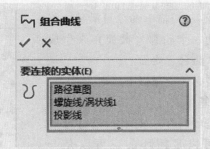

图 3-77 组合曲线

提示：组合曲线更多讲解视频，请扫描图 S3-15 所示的二维码。

[图 S3-15]

步骤 5：创建扫描

• 单击命令管理器上的"特征"选项卡，再单击"扫描"按钮 ✔ 扫描，启动"扫描"命令，如图 3-78 所示。

图 3-78 启动"扫描"命令

• 在弹出的"扫描"属性管理器中，"轮廓和路径"选择"圆形轮廓"，路径选择已完成的组合曲线，直径修改为"1mm"，其他默认，单击"确定"按钮 ✔，完成扫描特征，如图 3-79 所示。

图 3-79 扫描设置

提示："扫描"命令可沿某一路径移动一个轮廓（截面）来生成基体、凸台、曲面。

扫描必须遵循以下规则：

1）基体或凸台扫描特征的轮廓必须是闭环的；曲面扫描特征的轮廓可以是闭环的也可以是开环的。

2）路径可以为开环或闭环。

3）路径可以是一张草图、一条曲线或一组模型边线中包含的一组草图曲线。

4）路径必须与轮廓的平面交叉。

5）不论是截面、路径或所形成的实体，都不能出现自相交叉的情况。

6）引导线必须与轮廓或轮廓草图中的点重合。

提示：对于切除扫描，可以通过沿路径移动工具实体来生成实体扫描。路径必须与其本身相切并从工具实体轮廓之上或之内的点开始。

提示：引导线可用来控制轮廓沿路径扫描时的变形，不适用于双向扫描，引导线必须与轮廓或轮廓草图中的点重合。

提示：扫描操作更多讲解视频，请扫描图 S3-16 所示的二维码。

草图轮廓：沿 2D 或 3D 草图路径移动 2D 轮廓创建扫描。	
⌀ 轮廓	设定用来生成扫描的轮廓（截面）。在图形区域中或特征管理设计树中选取轮廓。可以从模型中直接选择面、边线和曲线作为扫描轮廓。基体或凸台扫描特征的轮廓应为闭环。
⌀ 路径	设定轮廓扫描的路径。在图形区域中或特征管理设计树中选取路径。路径可以是开环或闭合，包含在草图中的一组绘制的曲线，一条曲线或一组模型边线。路径的起点必须位于轮廓的基准面上。
方向 1	为路径一侧创建扫描。
双向	从草图轮廓创建在路径的两个方向延伸的扫描。但对于双向扫描，不能使用引导线或设置起始和发送相切。
方向 2	为路径的另一个方向创建扫描
圆形轮廓：直接在模型上沿草图直线、边线或曲线创建实体杆或空心管筒。	
⌀ 轮廓	设定用来生成扫描的轮廓（截面）。在图形区域中或特征管理设计树中选取轮廓。基体或凸台扫描特征的轮廓应为闭环。
直径	指定圆形轮廓的直径。

[图 S3-16]

步骤6: 创建镜像

• 单击命令管理器上的"特征"选项卡,再单击"镜像"按钮镜像,启动"镜像"命令,如图3-80所示。

图3-80 启动"镜像"命令

• 在弹出的"镜像"属性管理器中,"镜像面/基准面"选择"右视基准面","要镜像的实体"选择已完成的扫描实体,"选项"中选择"合并实体",其他默认。单击"确定"按钮 ✓,完成镜像特征,如图3-81所示。

提示:可使用"镜像"命令镜像面、特征和实体。

图3-81 镜像特征设置

• 单击"保存"按钮 📖,完成弹簧零件创建,如图3-60所示。

提示:镜像操作更多讲解视频,请扫描图S3-17所示的二维码。

[图 S3-17]

提示:案例完整讲解视频,请扫描图S3-18所示的二维码。

[图 S3-18]

关于镜像操作的选项说明见表 3-3。

表 3-3　镜像操作选项说明

镜像面/基准面	选择基准面或平面作为镜像面
要镜像的特征	指定要镜像的特征。选择一个或多个特征(可用于零件和装配体)
要镜像的面	指定要镜像的面。在图形区域中选择构成镜像特征的面(仅可用于零件)。对于只导入构成特征的面而不是特征本身的模型很有用
要镜像的实体/曲面实体	指定要镜像的实体和曲面实体。选择一个或多个实体(仅可用于零件)
几何体阵列	仅镜像特征的几何体(面和边线),而非求解整个特征。几何体阵列选项会加速特征的生成和重建。但是,如果某些特征的面与零件的其余部分合并在一起,则不能为这些特征生成几何体阵列
合并实体(R)	(可用于镜像实体)。将源实体和镜像的实体合并为一个实体
缝合曲面(K)	(可用于镜像曲面实体)。将源曲面实体和镜像的曲面实体合并为一个曲面实体

3.5　创建塑壳件(通风口)

例 3-5　以通风口为示例创健塑壳件,如图 3-82 所示。

图 3-82　通风口

步骤 1: **新建零件**

- 使用 "gb_ part" 模板新建零件。
- 单击 "保存" 按钮 ,并将零件命名为 "通风口"。

步骤 2: **创建草图框**

- 选择右视基准面作为草图基准面创建草图,完成定位草图轮廓,如图 3-83 所示。

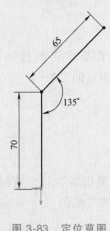

图 3-83　定位草图

● 选择上视基准面作为草图基准面创建草图，完成出风口草图轮廓，如图3-84所示。

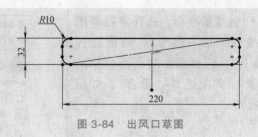

图3-84 出风口草图

提示：使定位草图线穿透出风口草图中心点。如图3-85所示。

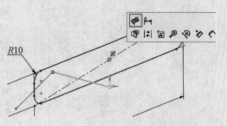

图3-85 穿透出风口中心点

● 创建基准面，选择上视基准面为第一参考，偏移距离为32mm，如图3-86所示。

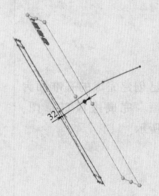

图3-86 创建基准面

● 选择已创建完成的基准面为草图基准面，完成出风口截面草图，如图3-87所示。

提示：使定位草图线穿透截面草图中心点。

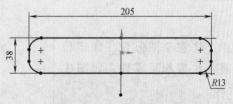

图3-87 出风口截面草图

● 创建基准面，选择定位草图直线为"第一参考"，约束选择"垂直"，选择草图端点为"第二参考"，约束选择"重合"，如图3-88所示。

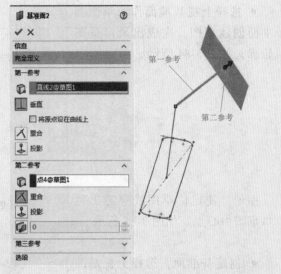

图 3-88　创建基准面

● 选择已创建完成的基准面为草图基准面，完成进风口草图，如图3-89所示。

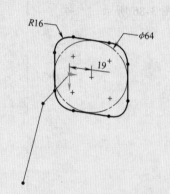

图 3-89　进风口草图

提示：注意草图方位，如定位错误将会生成相反零件，如图3-90所示。

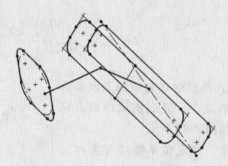

图 3-90　定位错误的草图

步骤3: 放样通风口基体

· 单击命令管理器上的"特征"选项卡,再单击"放样凸台/基体"按钮 🔩 放样凸台/基体 ,启动"放样"命令,如图3-91所示。

图3-91 启动"放样凸台/基体"命令

· 在弹出的"放样"属性管理器中,"轮廓"依次选择出风口草图、进风口截面草图、进风口草图,单击"确定"按钮 ✓ ,完成放样通风口基体特征设置,如图3-92所示。

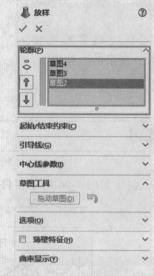

图3-92 放样参数设置

提示:注意观察放样预览,如预览图形未达到理想状态,可使用鼠标拖动放样接头进行调整,如图3-93所示。

提示:"放样"命令通过在轮廓之间进行过渡生成特征。放样对象可以是基体、凸台或曲面。可以使用两个或多个轮廓生成放样。仅第一个或最后一个轮廓可以是点,这两个轮廓也可以均为点。单一3D草图中可以包含所有草图实体(包括引导线和轮廓)。

提示:放样更多讲解视频,请扫描图S3-19所示的二维码。

图3-93 调整接头

[图S3-19]

步骤4: 抽壳

· 启动"抽壳"命令,选择如图3-94所示的移除的面,修改抽壳厚度为"3mm"。单击"确定"按钮 ✓ ,完成抽壳特征创建。如图3-94所示。

图3-94 抽壳面

• 单击"保存"按钮 🖫，完成通风口零件创建，如图 3-95 所示。

图 3-95　通风口

提示：本案例完整讲解视频，请扫描图 S3-20 所示的二维码。

[图 S3-20]

3.6　专项练习

练 3-1　轴座　创建如图 3-96 所示零件。

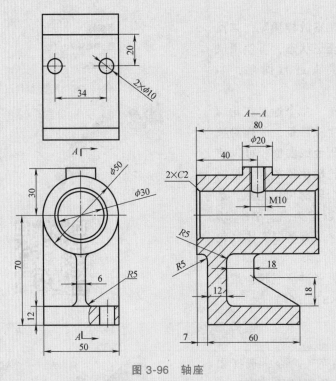

图 3-96　轴座

提示：本练习完整讲解视频，请扫描图 S3-21 所示的二维码。

[图 S3-21]

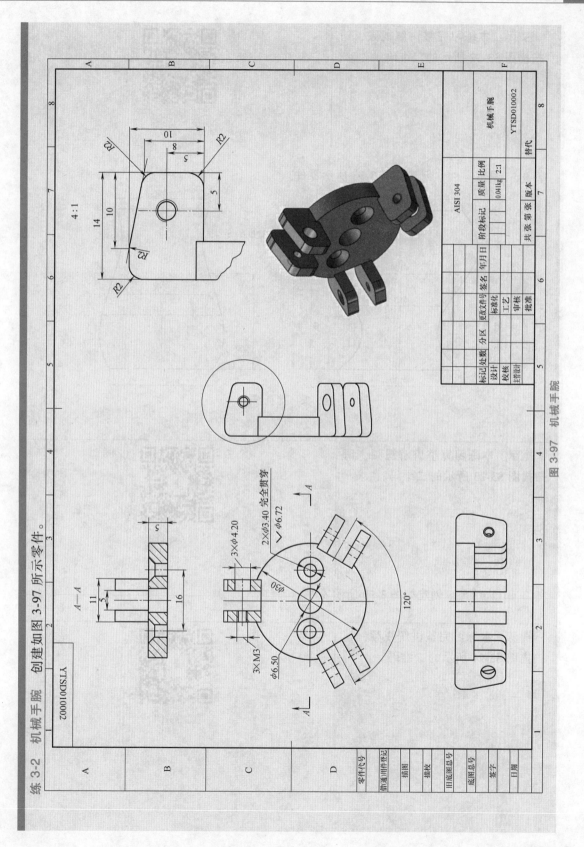

图 3-97 机械手腕

练 3-2 机械手腕 创建如图 3-97 所示零件。

提示：本练习完整讲解视频，请扫描图 S3-22 所示的二维码。

[图 S3-22]

练 3-3　薄壁零件　创建如图 3-98 所示零件。

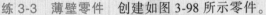

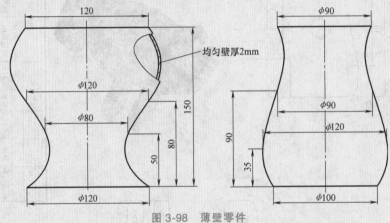

均匀壁厚2mm

图 3-98　薄壁零件

提示：本练习完整讲解视频，请扫描图 S3-23 所示的二维码。

[图 S3-23]

练 3-4　法兰盘　创建如图 3-99 所示零件。

提示：本练习完整讲解视频，请扫描图 S3-24 所示的二维码。

[图 S3-24]

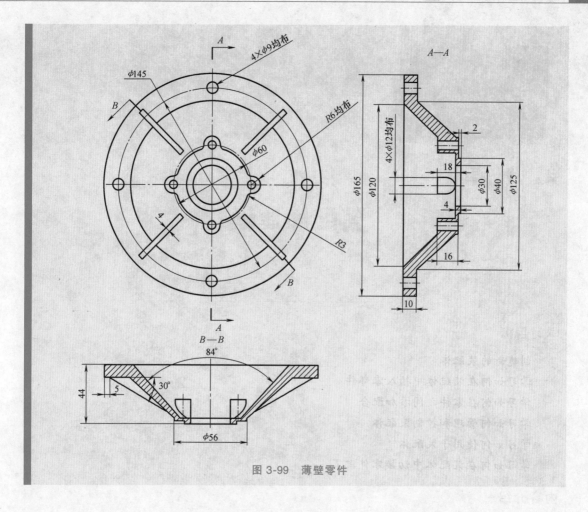

图 3-99 薄壁零件

81

第4章

装配体建模

创建新的装配体

学习如何在装配体中插入零部件

学习如何在零件之间添加配合

学习如何管理和控制装配体

学习如何使用子装配体

学习如何在装配体中切换零件配置

内容介绍

在 SolidWorks 中装配体指的是多个零件的有序组合，通过限制零件的某些自由度，从而达到联动效果，可以把装配体想象成产品组装的过程。零件间的装配主要由配合工具完成，SolidWorks 中的配合主要包含以下类型，见表 4-1。

表 4-1 SolidWorks 中的配合类型

图标	配合名称		作　用
		重合	约束所选实体接触
		平行	约束所选实体平行，彼此间保持等间距
		垂直	约束所选实体垂直，彼此间 90°角
	标准配合	相切	约束所选实体相切，至少一个选定项必须为圆柱、圆锥或球面
		同轴心	约束所选实体同心，通常为圆柱、圆孔
		锁定	约束两个零部件之间的相对位置和方向固定

（续）

图标	配合名称		作　用
⊬	标准配合	距离	约束所选实体按指定距离放置
◿		角度	约束所选实体按指定角度放置
⊕	高级配合	轮廓中心	将矩形和圆形轮廓互相中心对齐
⬚		对称	迫使两个相同实体绕基准面或平面对称
⫙		宽度	通常约束两组平面的中间面重合
⤳		路径配合	将零部件上所选的点约束到路径
⬈		线性/线性耦合	在一个零部件的平移和另一个零部件的平移之间建立几何关系
⊢⊣		距离限制	允许零部件在距离配合的一定数值范围内移动
◿		角度限制	允许零部件在角度配合的一定数值范围内移动
◯	机械配合	凸轮	迫使圆柱、基准面或点与一系列相切的拉伸面重合或相切
⬭		槽口	将螺栓或槽口运动约束在槽口孔内
▦		铰链	将两个零部件之间的移动限制在一定的旋转范围内
⚙		齿轮	强迫两个零部件绕所选轴彼此相对而旋转
✳		齿条小齿轮	一个零件(齿条)的线性平移引起另一个零件(齿轮)的旋转
▽		螺旋	将两个零部件约束为同心，并在一个零部件的旋转和另一个零部件的平移之间添加纵倾几何关系
⬢		万向节	一个零部件(输出轴)绕自身轴的旋转是由另一个零部件(输入轴)绕其轴的旋转驱动的

　　从设计理念上来讲，装配体的设计大致可分为三个阶段：①设计前的规划；②装配体设计；③装配体的管理和使用，这能充分体现设计者的设计意图。本章将重点介绍装配体设计。

　　设计中可以通过多种方式简化和优化设计工作，例如，可以通过阵列减少零件的装配体次数，可从 Toolbox 中调取标准件提高设计效率等，读者可通过学习总结提炼相关的知识点。

　　本章将学习如何通过 SolidWorks 技术完成机械手装配，并学习相关 SolidWorks 功能。

4.1　装配动力机构

例 4-1　创建装配体动力机构，如图 4-1 所示。

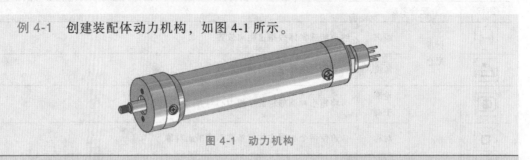

图 4-1　动力机构

步骤 1：新建装配体

● 使用"gb_ assembly"模板创建装配体，此时装配体自动激活"开始装配体"命令，并弹出"打开"对话框。

步骤 2：在装配体中插入第一个零件主缸体

● 在"打开"对话框中，浏览到本章的  的"主缸体"，单击"打开"按钮，如图 4-2 所示。

● 此时在装配体视图窗口出现主缸体预览效果，单击左侧对话框中的"确定"按钮 ✓，完成第一个零部件的插入，如图 4-3 所示。

提示：主缸体需与外部零部件进行组装，所以选择主缸体作为第一个零部件，插入到装配体中。

提示：此方法插入零部件后装配体有以下变化：

1）装配体设计树中记录了该零件，如图 4-4 所示。

2）第一个插入装配体中零件的状态是"固定"的，如图 4-4 所示。此时主缸体无法旋转和移动。

3）装配体的原点与零件的原点重合。装配体的基准面和零件的基准面重合。

图 4-2　打开"主缸体"文件

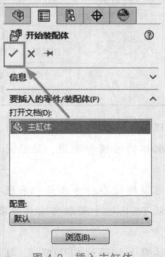

图 4-3　插入主缸体

提示：在某些装配体中，采用这种方法插入第一个零件，可以充分利用零件和装配体原点重合的已有关系，为后续零件的装配提供便利条件。

提示：物体在空间具有 3 个旋转和 3 个平移自由度，"固定"后，这 6 个自由度均被限制。可以把装配体看作一个大的空间，产品装配完成后需要限制它在空间的位置，一般通过将产品中的某些零件直接固定，或者将零件和装配体的原点、基准面添加配合，以达到此目的。

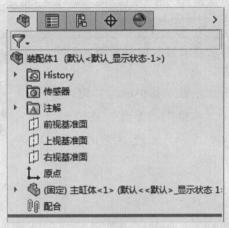

图 4-4　装配体设计树

步骤 3：插入零件联轴器

• 单击命令管理器中的"装配体"选项卡，再单击"插入零部件"按钮 插入零部件，如图 4-5 所示。

图 4-5　启动"插入零部件"命令

• 打开本章的 ▢ "联轴器"。在视图窗口移动鼠标，联轴器将随着鼠标一起移动，在空白位置单击，联轴器被插入到装配体中（图 4-6）。

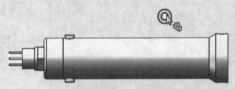

图 4-6　放置联轴器

提示：

1）联轴器作为第二个插入到装配体的零部件，状态是浮动的。即可以移动和旋转。

2）零件的移动和旋转：在装配体环境下左键选中对象并拖动鼠标以实现平移，右键选中对象并转动鼠标，以实现零部件的旋转。

3）可将固定状态的零件设置为浮动，反之亦然。欲将固定的零件设置为浮动，在装配体设计树中选中零部件并右键单击，在快捷菜单中选择"浮动"，完成设置。如图 4-7 所示。

4）一般情况下，装配前需将零件预放置在合理的位置。

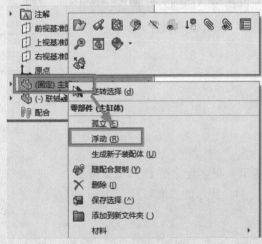

图 4-7　设置零件状态

步骤4：装配零件联轴器

• 移动并旋转联轴器至图 4-8 所示位置。

单击命令管理器中的"装配体"选项卡，再单击"配合"按钮，如图 4-9 所示。系统将弹出"配合"对话框。

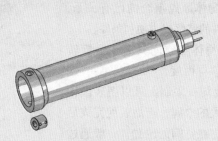

图 4-8 移动零部件

图 4-9 启动"装配体"选项卡

• 如图 4-10 所示，在"标准配合"中选择"同轴心" ◎，然后在"配合选择"中选择两个圆柱面，以添加"同轴心"配合，单击"确定"按钮完成配合。

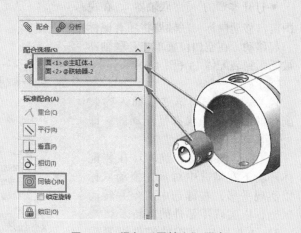

图 4-10 添加"同轴心"配合

提示：更多配合创建方法，请扫描图 S4-1 所示的二维码。

[图 S4-1]

步骤 5：继续添加"同轴心"配合

• 为了查看和配合装配体，有时需要使用"剖面视图"命令进行辅助设计。单击"剖面视图"按钮，使用默认的前视基准面对模型进行剖切，并设置-5mm的等距距离，如图4-11所示。

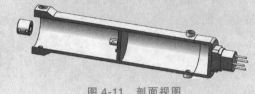

图4-11　剖面视图

• 如图4-12所示，适当调整联轴器的位置，并对图示两个孔面添加"同轴心"配合。

• 再次单击"剖面视图"按钮退出剖视状态。

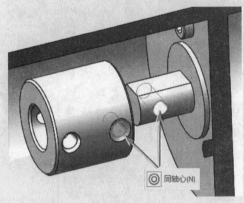

图4-12　添加"同轴心"配合

步骤 6：安装零件销 φ1.5

• 打开本章的 "销 φ1.5"并将销添加到装配体中。在弹出的"插入零部件"属性管理器中选择"配置"为"φ1.5×18"，如图4-13所示。单击"确定"按钮，放置零件到合适位置。

提示：配置是一种系列化设计方法，对于成系列的零部件可以提高设计效率。

• 接下来需要将销装配到联轴器的孔中，因为主缸体的遮挡，不易添加配合。此处采用隐藏主缸体的方法，完成销的配合。

• 如图4-14所示，单击主缸体零件，在弹出的快捷菜单中单击"隐藏"按钮。此时，主缸体在视图窗口中隐藏。

图4-13　使用"φ1.5×18"的零件配置

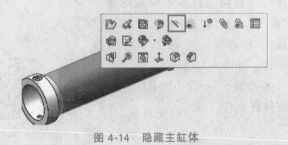

图4-14　隐藏主缸体

● 如图 4-15 所示，适当调整销的位置，并对图示两个孔面添加"同轴心"配合。

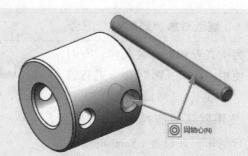

图 4-15　添加"同轴心"配合

● "销 $\phi 1.5$" 安装到位后，长度明显过长，说明初始选择的 "$\phi 1.5 \times 18$" 配置并不合理，需要通过切换配置，将其变短。如图 4-16 所示，单击销弹出快捷菜单，在"配置"下拉列表中选择 "$\phi 1.5 \times 9$"。

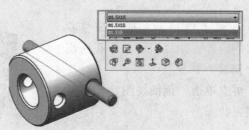

图 4-16　切换零件配置

提示：更多配置使用方法，请扫描图 S4-2 所示的二维码。

[图 S4-2]

● 快速添加相切配合。按下 <Ctrl> 键，依次选择销端面和联轴器圆柱面，松开 <Ctrl> 键，在弹出的快捷菜单中单击"相切"按钮，完成"相切"配合的添加。如图 4-17 所示。

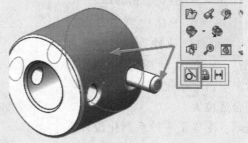

图 4-17　添加"相切"配合

步骤 7：**安装零件螺旋动力杆**

● 打开本章的 "螺旋动力杆" 并将螺旋动力杆添加到装配体中，"配置"选择"Default"（默认配置），添加图示的两个"同轴心"配合，如图 4-18 所示。

● 添加另一个 "销 $\phi 1.5$" 到装配体并配合。

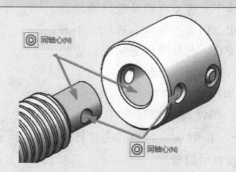

图 4-18　添加"同轴心"配合

步骤8：安装零件螺旋推杆

• 打开本章的 "螺旋推杆"并将螺旋动力杆调入到装配体中，添加如图4-19所示的"同轴心"配合。

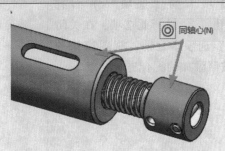

图4-19 添加"同轴心"配合

• 添加"距离限制"配合，启动"配合"命令，使用高级配合，单击"距离"按钮 ↦ ，在"配合选择"中选择联轴器与螺旋推杆的两个端面。

参数设置：最大值为"11.5mm"，最小值为"1.5mm"，单击"确定"按钮，如图4-20所示。

• 添加完"距离限制"配合后，螺旋推杆可以沿着轴线移动，移动范围由最大值、最小值确定。

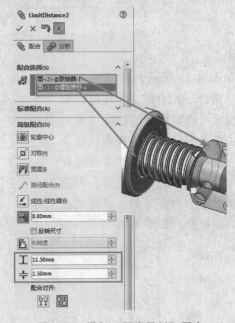

图4-20 添加"距离限制"配合

步骤9：安装零件键

• 打开本章的 "键"并将键添加到装配体中，为键和螺旋推杆添加"重合"配合，如图4-21所示。在"配合"选项卡中单击"重合"按钮 ᛜ，选择两个平面添加"重合"配合。单击"确定"按钮，完成配合添加。

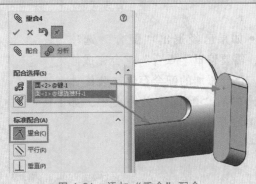

图4-21 添加"重合"配合

提示：如图 4-22 所示，在"配合"选项卡的"选项"下面有"显示预览"，选择此选项，在关闭"配合"选项卡之前，视图窗口的零件按照添加的配合进行约束。

图 4-22　显示预览

● 如图 4-23 所示，在添加上一步的"重合"配合时，零件键配合后的位置可能和需要的相反（是否相反由两个配合零件的初始位置决定），产生错误的装配方式。在没有关闭"配合"选项卡之前，可通过切换"配合对齐"的方式完成配合方向的切换，如图 4-24 所示。

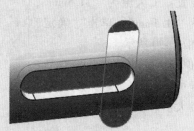

图 4-23　反向的装配

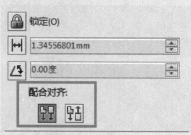

图 4-24　切换配合方向

● 如果已经退出"配合"选项卡，需要编辑"重合"配合完成修改。已经添加的配合存储在装配体设计树的"配合"文件夹中，如图 4-25 所示。

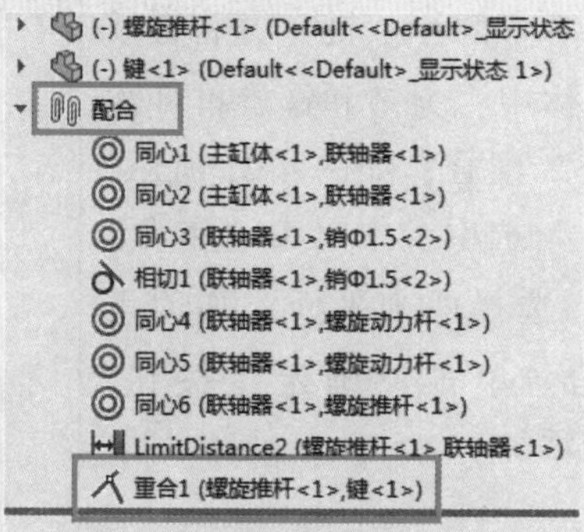

图 4-25　"配合"文件夹

- 如图 4-26 所示，找到已经添加的"重合"配合，右键单击，在弹出的快捷菜单中单击"反转配合对齐"可以完成配合的修改。
- 另外一种修改方法是单击"编辑特征"按钮，返回到图 4-24 所示界面进行修改。

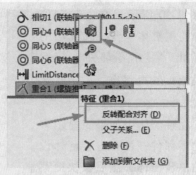

图 4-26 修改"重合"配合

- 继续添加如图 2-27 所示的"重合"和"同轴心"配合

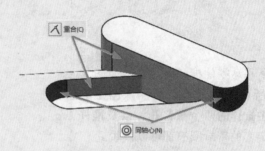

图 4-27 "重合"和"同轴心"配合

步骤 10：安装零件推杆固定套

- 打开本章的"推杆固定套"并将推杆固定套添加到装配体中，添加如图 4-28 所示的"同轴心"配合。

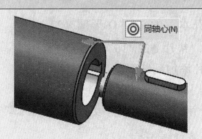

图 4-28 添加"同轴心"配合

- 如图 4-29 所示，启动"配合"命令，在"配合"选项卡中单击"平行"按钮，添加如图 4-29 所示的"平行"配合，配合面选择键侧平面与键槽侧平面。

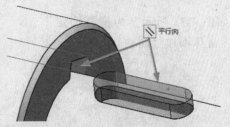

图 4-29 添加"平行"配合

● 如图 4-30 所示，右击装配体设计树中的主缸体零件，在弹出的菜单中单击"显示零部件"按钮 👁 。主缸体在视图窗口中重新显示。

提示：在装配体中如果想显示多个隐藏的零部件，可右击装配体设计树中的总装配体，然后在快捷菜单中选择"带从属关系一起显示"选项。

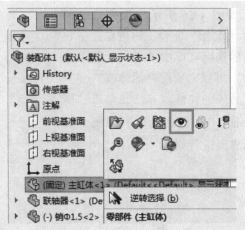

图 4-30　显示主缸体零件

● 移动零件推杆固定套至如图 4-31 所示的位置。保证推杆固定套与主缸体的两个螺钉孔，以及推杆固定套的密封圈槽都可以被看到。

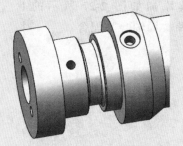

图 4-31　平移零部件

步骤 11：安装零件 O 形圈与垫片

● 打开本章的 👁 "O 形圈 φ22×16"和"垫片 φ22×16"并将 O 形圈和垫片添加到装配体中。

● 如图 4-32 所示，为 O 形圈和垫片选用合理的配合类型进行装配。

图 4-32　装配 O 形圈与垫片

● 如图 4-33 所示，为推杆固定套和主缸体添加"同轴心"配合。

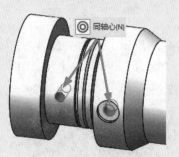

图 4-33　"同轴心"配合

提示：如图 4-34 所示，在 Solid-Works "系统选项"选项卡中，可以对"备份/恢复"选项下的对"保存通知"进行设定，如果文件未被保存，系统会弹出提示信息，提示用户保存文件。

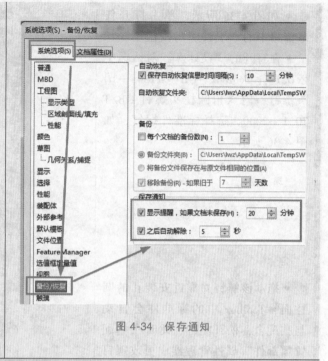

图 4-34 保存通知

步骤 12：使用 Toolbox 标准件库，安装螺钉

● 如图 4-35 所示，在插件配置界面中选择"SOLIDWORKS Tool-box Library"插件。

图 4-35 启动 Toolbox 插件

- 如图 4-36 所示，单击打开任务窗格中的"设计库"按钮。
- 在打开的"设计库"对话框中依次选择 Toolbox→GB→screws→凹头螺钉→内六角圆柱头螺钉 GB/T 70.1—2000，选择标准件螺钉，如图 4-36 所示。

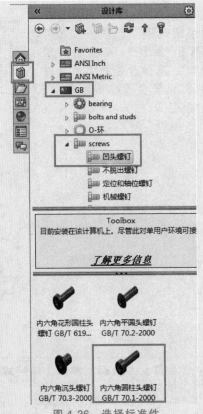

图 4-36　选择标准件

- 拖动该螺钉并靠近安装孔的圆柱面，Toolbox 中的标准件会自动与孔配合，松开左键，此时在"配置零部件"属性管理器中更改螺钉相关参数："大小"为"M3"，"长度"为"8"。如图 4-37 所示，单击"确定"按钮。
- 在主缸体另外一侧的孔上继续添加该螺钉。

提示：

1）在螺钉添加的过程中可以通过<Tap>键，切换螺钉方向。

2）螺钉添加结束后，可以通过手动的方式继续添加配合。

3）Toolbox 标准件可以在装配体多个相同的孔上连续添加。

- 保存装配体，命名为"动力机构"。

提示：在实际工作中，经常对文件进行保存是很好的习惯。由于各种因素，三维设计工具会出现崩溃或者卡死的状态，经常保存文件有助于减少损失。

提示：本案例完整讲解视频，请扫描图 S4-3 所示的二维码。

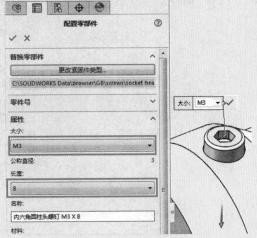

图 4-37　设置机械螺钉

[图 S4-3]

4.2 装配机械手

例4-2 装配机械手其他部件，如图4-38所示，以完成机械手总装配体的设计。

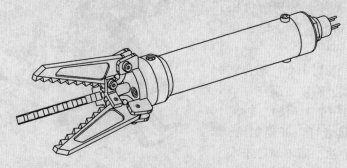

图 4-38 机械手

步骤1：新建装配体

• 使用 "gb_ assembly" 模板新建装配体。将装配体命名为 "机械手" 并保存装配体。

步骤2：在新建的装配体中插入装配体动力机构

• 将装配体动力机构插入到机械手装配体当中。确保两个装配体的原点和基准重合。

提示：

1）机械手是最终设计的装配体，在此称机械手为 "总装配体"。

2）动力机构作为机械手的一部分，称之为子装配体。如图 4-39 所示

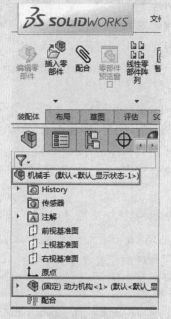

图 4-39 总装配体与子装配体

步骤 3：装配机械手腕

• 打开本章的 🔲 "机械手腕" 并将机械手腕添加到装配体中。

• 如图 4-40 所示，分别给机械手腕添加 "同轴心" 和 "轮廓中心" 配合。

提示：此处 "轮廓中心" 配合需要选取圆形边线，约束效果与一个 "重合" 配合加一个 "同轴心" 配合效果一致，读者可以开动思维，使用其他配合方法，而不局限于本书内容。

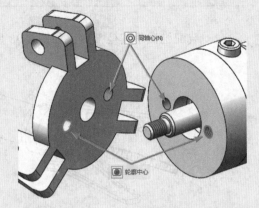

图 4-40 装配机械手腕

• 添加螺钉。在 "Toolbox" 中依次选择 GB→screws→凹头螺钉→内六角沉头螺钉 GB/T 70.3—2008。

螺钉参数："大小" 为 "M3" "长度" 为 "12mm"。螺钉位置如图 4-41 所示。

提示：此处安装的两个螺钉规格一致。安装完一个螺钉后，可以快速复制出一个相同的螺钉。复制螺钉操作方法：

按住<Ctrl>键，单击螺钉上的一个面同时向外拖动，找到一个合适的位置松开左键，再松开<Ctrl>键，完成一个螺钉复制。

图 4-41 添加螺钉

• 将本章的 🔲 "O 形圈 $\phi10\times6$" 和 "垫片 $\phi10\times6$" 添加到装配体中，并使用合理的配合类型进行装配，装配体位置如图 4-42 所示。

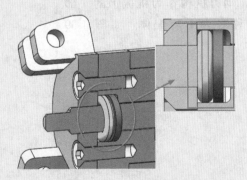

图 4-42 装配 O 形圈与垫片

步骤4：装配滑块与机械手指

● 将本章的 "滑块""机械手指""螺钉"三个零件添加到装配体中。螺钉配置："4mm Dia-8 Sh Len"。

● 添加如图 4-43 所示配合，将滑块装配完成。装配完成后，滑块可以绕着螺旋推杆旋转。

● 配合过程中应该有效利用模型的隐藏和显示来加速装配速度，除了 4.1 节所述方法之外，还可以采用"孤立"的方式。

● 如图 4-44 所示，在装配体设计树中，按<Ctrl>键连续选择机械手腕、滑块、机械手指、螺钉四个零件。在视图窗口空白区域右击，在弹出的快捷菜单中单击"孤立"选项。此时，视图窗口只显示上述选择的零件，其他零件被隐藏。

● 使用"宽度"配合装配机械手指。如图 4-45 所示，启动"配合"命令，依次选择"配合"→"高级配合"→"宽度" ，接下来，在"宽度选择"中选择机械手指的一组面，在"薄片选择"中选择机械手腕的一组面，约束设置为"中心"。单击"确定"按钮。

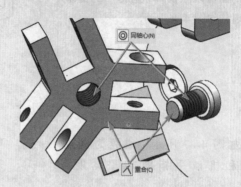

图 4-43 装配滑块

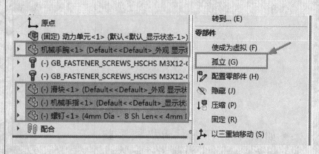

图 4-44 选择"孤立"选项

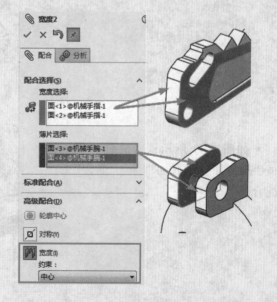

图 4-45 "宽度"配合面

提示："宽度选择"和"薄片选
择"的面可以互换。"宽度"配合添
加规则，如图4-46所示。

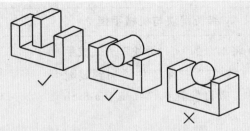

图4-46 "宽度"配合添加规则

● 如图4-47所示，继续为机械
手腕和机械手指添加"宽度"
配合。

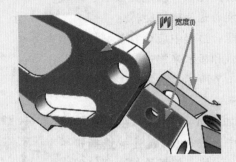

图4-47 "宽度"配合

● 如图4-48所示，为机械手腕
和机械手指添加"同轴心"配合。

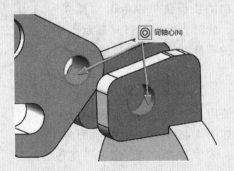

图4-48 "同轴心"配合

● 如图4-49所示，为螺钉和机
械手腕添加"同轴心"和"重合"
配合。

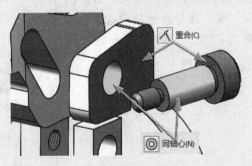

图4-49 装配螺钉

● 随配合复制：如果需要对一个零件进行多次重复装配，并且在配合类型不变的情况下，可以使用"随配合复制"命令。下面使用此命令将螺钉复制并同时装配到滑块上。

● 如图 4-50 所示，在设计树或视图窗口中右击零件螺钉，在弹出的快捷菜单中单击"随配合复制"选项。

提示：为了突出重点，图中机械手指已经被隐藏。

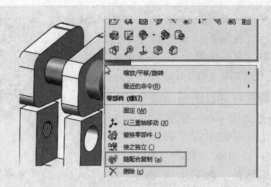

图 4-50　选择"随配合复制"选项

● 如图 4-51 所示，在"随配合复制"选项卡中单击"下一步"按钮 ⊕，完成步骤一。

图 4-51　"随配合复制"步骤一

● 如图 4-52 所示，在"随配合复制"步骤二中，选取滑块的两个面用于替换原来的"同心"和"重合"配合。单击"确定"按钮，螺钉被快速复制并配合。

● 如图 4-53 所示，单击"退出孤立"按钮，视图窗口将显示所有零件。

● 在子装配体动力单元中，螺旋推杆具有沿轴向移动的自由度，但是在总装配体机械手中，这个自由度被限制。如果拖动螺旋推杆，系统将提示"所选的零部件为固定的，无法被移动"，只有将动力单元变为柔性，才能重新启用轴向移动的自由度。

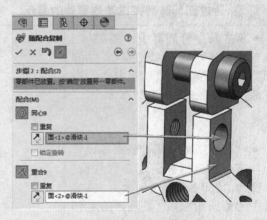

图 4-52　"随配合复制"步骤二

图 4-53　退出孤立

• 使子装配体为柔性，如图 4-54 所示，在装配体设计树中单击"动力单元"，在弹出的快捷菜单中单击"使子装配体为柔性"按钮 🖱，螺旋推杆可以沿轴向拖动。

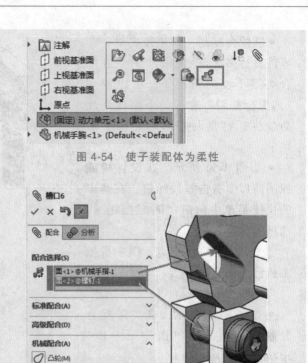

图 4-54　使子装配体为柔性

• 如图 4-55 所示，继续为机械手指和螺钉添加"槽口"配合。如图 4-55 所示，启动"配合"命令，依次选择"配合"→"机械配合"→"槽口" 🔗，在"配合选择"中选择螺钉圆柱面与机械手指槽口面，"约束"设置为"自由"，单击"确定"按钮。此时，拖动滑块，螺钉可以在机械手指的槽口内自由移动。

图 4-55　槽口配合

步骤 5：通过圆周阵列完成其他零件的装配

• 单击命令管理器中"装配体"选项卡，再单击"线性零部件阵列"的展开按钮，最后单击"圆周零部件阵列"，如图 4-56 所示。

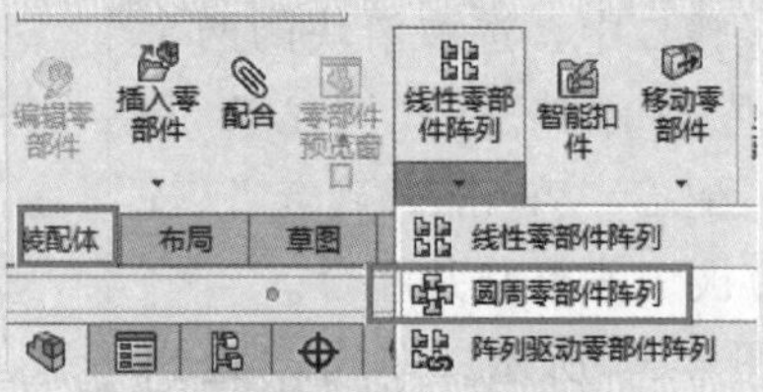

图 4-56　圆周零部件阵列

• "圆周阵列"属性管理器设置为：阵列轴为推杆固定套圆柱面，角度为"360度"，实例数为"3"，选中"等间距"，"要阵列的零部件"选择机械手指、两个螺钉，如图 4-57 所示。设置完成后，单击"确定"按钮，保存装配体。

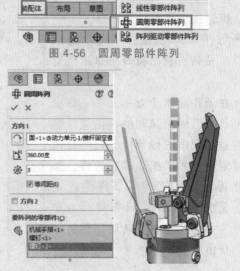

图 4-57　"圆周阵列"设置

步骤6：编辑"距离限制"配合

• 子装配体中的配合在总装配体中也可以直接编辑。单击主缸体，在弹出的快捷菜单中选择"更改透明度" ，如图4-58所示。

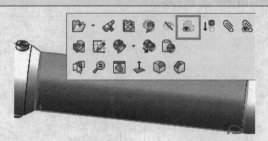

图4-58 选择"更改透明度"选项

• 单击螺旋推杆，在弹出的快捷菜单中选择"查看配合" ，如图4-59所示。

图4-59 选择"查看配合"选项

• 单击"距离限制"配合，再单击"编辑特征"。在弹出的"距离限制"对话框中将最大值和最小值分别修改为"20mm"和"0mm"，如图4-60所示。修改完成后单击"确定"按钮。

• 因为上一步中的"距离限制"配合属于子装配体的配合，在总装配体中直接编辑，系统会进入编辑零部件状态，单击视图窗口右上角的"退出零部件编辑"按钮 ，退出子装配体的编辑状态。

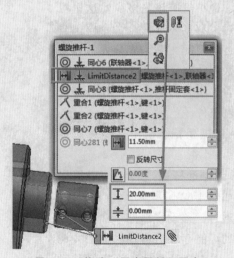

图4-60 修改"距离限制"配合

提示：本案例完整讲解视频，请扫描图S4-4所示的二维码。

[图S4-4]

4.3 评估装配体

例4-3 以例4-2为例，评估和使用装配体。产品设计过程中，需要评估零件之间的运动关系，防止因为零件干涉等情况引起的产品质量问题。

步骤1：使用"移动零部件"命令进行动态检查

• 如图4-61所示，隐藏主缸体，使推杆固定套透明，拖动滑块，机械手指能实现开合动作，开合的角度通过"距离限制"配合约束，当前的"距离限制"配合最大值"20mm"和最小值"0mm"是人为给定的，并不能代表结构真实情况。真实情况下，开合角度是由零件间的干涉情况决定的，那么根据实际情况，"距离限制"配合的最大值、最小值应该是多少？这里可以通过"移动零部件"命令模拟真实的运动情况，并完成最大值、最小值数据的测量。

• 首先明确影响最大值及最小值的限制条件。

1）机械手指、滑块、螺钉碰撞影响。

2）键与推杆固定套键槽碰撞影响。如图4-62所示。

• 通过"移动零部件"命令找出这两处可能存在的碰撞。如图4-63所示，首先拖动滑块，将螺钉移动到机械手指槽口约中间位置，以避免螺钉与机械手指槽口出现接触。

提示：在4.2节中，已经将"距离限制"配合修改的范围设置得足够大，不会影响移动零部件的结果。

• 如图4-64所示，单击命令管理器中的"装配体"选项卡，再单击"移动零部件"按钮 。"移动

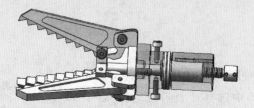

图 4-61

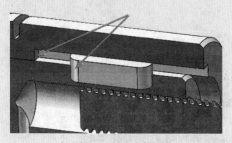

图 4-62　键与键槽的碰撞

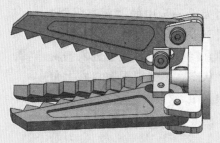

图 4-63　初始位置

图 4-64　启动移动零部件工具

零部件"选项卡设置如下："移动"为"自由拖动"，"选项"为"碰撞检查"，"检查范围"为"这些零部件之间"。选择机械手指、螺钉、滑块、键和推杆固定套（注意不可选择阵列的零部件），选中"碰撞时停止"选项。其他选项设置为默认，如图4-65所示。

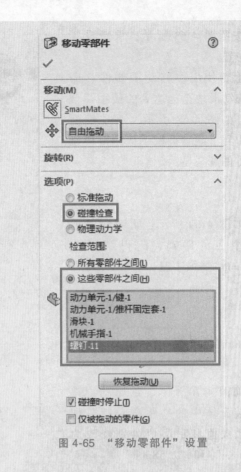

图 4-65 "移动零部件"设置

● 单击"恢复拖动"按钮。然后拖动滑块至能达到的最大开合位置，如图4-66所示。通过模型可以看到，此时机械手指与螺钉碰撞，零件高亮显示。键与推杆固定套键槽端面还有一定距离。单击"确定"按钮。注意：此时不可随意移动零部件，否则影响测量结果。

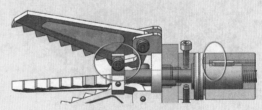

图 4-66 最大开合位置

● 如图4-67所示，启动测量工具，测得两个面之间的距离是"12.6mm"。这两个面也是"距离限制"配合时选择的两个面。

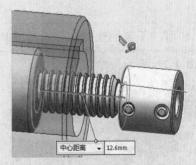

图 4-67 测量最大值

- 按照图 4-63 所示，重新设置初始位置。
- 重新使用"移动零部件"命令，拖动滑块至能达到的最小开合位置。如图 4-68 所示，通过模型可以看到，此时机械手指与滑块碰撞，零件高亮显示。

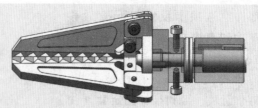

图 4-68 最小开合位置

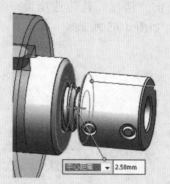

- 如图 4-69 所示，重新测量前面两个面的距离，测得结果为"2.58mm"（最小值）。

图 4-69 测量最小值

- 如图 4-70 所示，编辑动力单元子装配体中的"距离限制"配合，最大值和最小值分别修改为"12.6mm"和"2.58mm"。

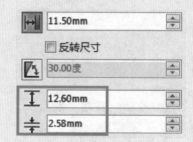

图 4-70 修改极限值

提示：本步骤完整讲解视频，请扫描图 S4-5 所示的二维码。

[图 S4-5]

步骤2：利用"干涉检查"命令检查零部件干涉情况

- 如图 4-71 所示，单击命令管理器中的"评估"选项卡，再单击"干涉检查"按钮，启动干涉检查工具。

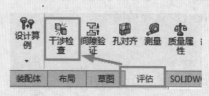

图 4-71 启动干涉检查工具

• 如图 4-72 所示，在 "干涉检查" 选项卡中，单击 "计算" 按钮，将产生三处干涉位置，干涉体积在 "结果" 列表框中直接列出。

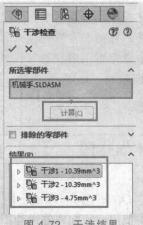

图 4-72　干涉结果

• 如图 4-73 所示，依次单击每一个干涉，视图窗口将高亮显示干涉区域，单击干涉前的展开按钮，会列出具体的干涉零件。

• 三处干涉具体情况如下：

干涉 1：内六角圆柱头螺钉、推杆固定套。

干涉 2：内六角圆柱头螺钉、推杆固定套。

干涉 3：机械手腕、螺旋推杆。

• 在标准件选取正确的情况下不会发生干涉问题，在结果计算中计算出干涉，是因为模型中的螺纹孔是按照攻螺纹前的直径创建的模型，所以需要将标准件的干涉情况排除。

图 4-73　干涉位置

• 如图 4-74 所示，测量干涉区域机械手腕的孔直径和螺旋推杆的圆柱直径，分别为 $\phi6$mm 和 $\phi6.1$mm，这是干涉的原因。

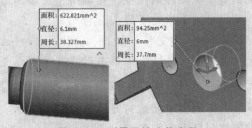

图 4-74　测量干涉实体直径

• 修改螺旋推杆直径。使用 "孤立" 方法只显示螺旋推杆。双击螺旋推杆安装位置圆柱凸台，将会显示凸台的长度和直径尺寸。如图 4-75 所示，双击凸台直径，修改数值为 "6mm"，单击 "确定" 按钮，完成更改。

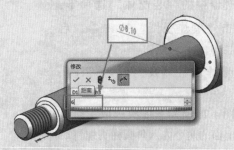

图 4-75　测量干涉实体直径

• 退出孤立操作，重新对装配体进行干涉检查，直到干涉消失。

提示：本步骤完整讲解视频，请扫描图 S4-6 所示的二维码。

[图 S4-6]

4.4 装配体爆炸图

例 4-4   对动力单元和机械手两个装配体制作爆炸图，子装配体的爆炸图可以直接在总装配体中使用。装配体的爆炸图经常用在图样和装配手册中，如图 4-76 所示。

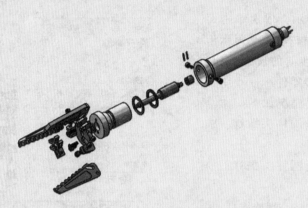

图 4-76   机械手爆炸视图

步骤 1：**动力单元装配体爆炸图**

• 调整爆炸图初始位置，拖动滑块，确保机械手指处于最大开合角度，保存装配体文件。如图 4-77 所示，在装配体设计树中单击动力单元，单击"打开零件"按钮 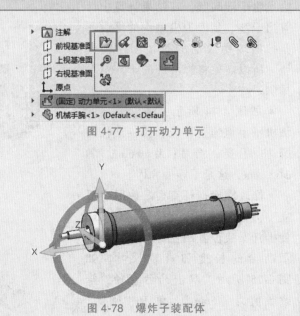。

图 4-77   打开动力单元

• 装配体动力单元被打开，拖动螺旋推杆到最大极限位置，单击命令管理器中的"装配体"选项卡，再单击"爆炸视图"按钮，启动爆炸视图工具。

• 爆炸主缸体及内六角圆柱头螺钉。

如图 4-78 所示，依次选取主缸体及其上面的两个内六角圆柱头螺钉。

图 4-78   爆炸子装配体

提示：选取的第一个模型，影响下一步动作中三重轴的初始位置，所以统一选取主缸体作为第一个模型。

如图 4-79 所示，拖动视图窗口中三重轴的 X 轴，拖动时有标尺显示，拖动到"-180mm"左右位置（不用非常精确，或者直接在如图 4-80 所示界面输入精确的距离）。右击或单击属性管理器中的"完成"按钮，完成第一步的爆炸操作，如图 4-80 所示。

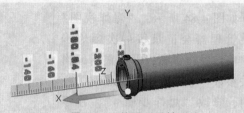

图 4-79　使用三重轴

图 4-80　完成第一步爆炸操作

提示：爆炸操作主要由三重轴完成，如图 4-81 所示。拖动箭头完成移动，拖动圆环完成旋转。

图 4-81　爆炸三重轴

● 选取内六角圆柱头螺钉，沿 Y 轴拖动到如图 4-82 所示位置。用同样方法完成另一内六角圆柱头螺钉的爆炸操作。

图 4-82　爆炸内六角圆柱头螺钉

● 选取联轴器及一个销 $\phi1.5$，沿 X 轴拖动到如图 4-83 所示位置，右击完成爆炸操作。

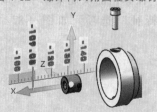

图 4-83　爆炸联轴器和销 $\phi1.5$

● 如图 4-84 所示，"爆炸视图"属性管理器会记录每一次爆炸步骤，单击爆炸步骤，可以重新编辑相关参数。上一步中，只选取了一个销，修改"爆炸步骤4"，在零部件中选择添加另外一个销，完成修改。

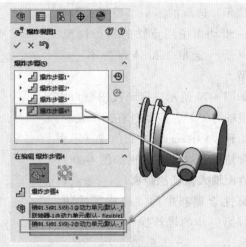

图 4-84　编辑爆炸步骤

● 选取两个销，沿 Z 轴拖动到如图 4-85 所示位置，右击完成。

● 接下来继续爆炸螺旋推杆、键、螺旋动力杆等零件。因为键被其他零件遮挡，难以选取，所以，先退出爆炸视图编辑状态。启动"剖面视图"命令后，再重新编辑爆炸视图，键就可以方便选取了。

提示：不退出爆炸编辑状态也可以选取键零件，之所以这样设计，是为了介绍爆炸视图的重新编辑方法。

● 如图 4-86 所示，单击"确定"按钮退出爆炸视图的编辑状态。

● 启动"剖面视图"命令，用前视基准面完成剖切。

● 爆炸视图以装配体配置的形式保存。单击配置管理器，右键单击"爆炸视图 1"，在弹出的快捷菜单中单击"编辑特征"选项，如图 4-87 所示。

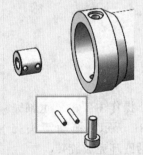

图 4-85　爆炸销 φ1.5

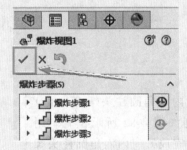

图 4-86　退出爆炸视图

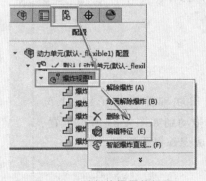

图 4-87　重新编辑爆炸视图

● 如图 4-88 所示，选取螺旋推杆、螺旋动力杆、键、O 形圈、垫片，沿 X 轴拖动到如图所示位置，右击完成。

提示：启用剖面视图的情况下选取零件时，不要单击零件的剖切面，否则某些零件无法选取。

● 选取 O 形圈、垫片，在选项中选择"拖动时自动调整零部件间距"，沿 X 轴正向拖动到如图 4-89 所示位置，右击完成。

提示："拖动时自动调整零部件间距"选项尤其适合按照直线形式装配的零件，使用此选项可以加快爆炸视图的创建速度。

● 取消选择"拖动时自动调整零部件间距"选项，分别完成键和螺旋动力杆的爆炸步骤创建。如图 4-90 所示。

● 单击"确定"按钮完成动力单元爆炸视图的创建，关闭"剖面视图"选项。动力单元的爆炸视图如图 4-91 所示。

图 4-88　完成爆炸步骤

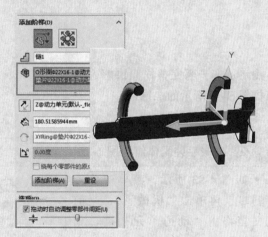

图 4-89　爆炸 O 形圈、垫片

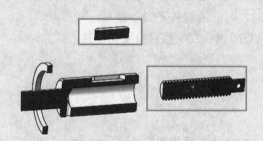

图 4-90　爆炸键和螺旋动力杆

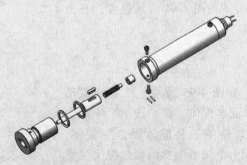

图 4-91　动力单元的爆炸视图

• 如图 4-92 所示，双击"爆炸视图 1"完成爆炸和非爆炸视图间的切换。

• 保存装配体动力单元。

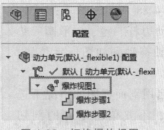

配置

▼ 🔩 动力单元(默认-_flexible1) 配置
　　▼ 🔧 ✓ 默认 [动力单元(默认-_flexil
　　　　▼ 🔩 爆炸视图1
　　　　　　🔧 爆炸步骤1
　　　　　　🔧 爆炸步骤2

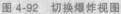

图 4-92　切换爆炸视图

提示：本步骤完整视频讲解，请扫描图 S4-7 所示的二维码。

[图 S4-7]

步骤2：**机械手装配体爆炸图**

• 如图 4-93 所示，菜单中单击"窗口"，再单击"机械手"，当前的文档将由"动力单元"跳转到"机械手"。

提示：当 SolidWorks 打开多个文档时，可以通过按<Ctrl>键后，单击<Tab>键，在文档窗口之间切换。

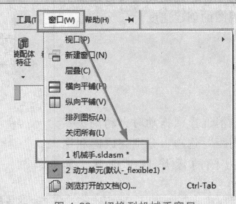

工具(T)　**窗口(W)**　帮助(H)

　视口(P)　　　　　　　　　▶
装配体　新建窗口(N)
特征
　层叠(C)
　横向平铺(H)
　纵向平铺(V)
　排列图标(A)
　关闭所有(L)

　1 机械手.sldasm *
✓ 2 动力单元(默认-_flexible1) *
　浏览打开的文档(O)...　　　Ctrl-Tab

图 4-93　切换到机械手窗口

• 启动"爆炸视图"命令，选取动力单元装配体，沿 X 轴拖动约 25mm 到如图 4-94 所示位置，右击完成。

图 4-94　爆炸动力单元

• 如图 4-95 所示，继续选取动力单元装配体，在"选项"中单击"重新使用子装配体爆炸"按钮，则动力单元中创建的爆炸视图被重新使用。

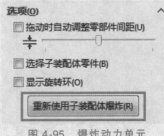

选项(O)　　　　　　　　　^
☐ 拖动时自动调整零部件间距(U)
　──┼──
☐ 选择子装配体零件(B)
☐ 显示旋转环(O)

　重新使用子装配体爆炸(R)

图 4-95　爆炸动力单元

● 如图 4-96 所示，使用"拖动时自动调整零部件间距"的方式爆炸 O 形圈和垫片。

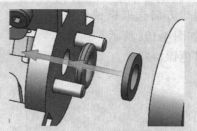

图 4-96　爆炸 O 形圈和垫片

● 如图 4-97 所示，选取两个螺钉，沿 Z 轴拖动完成爆炸创建。

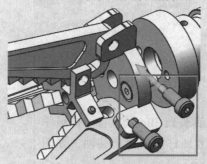

图 4-97　爆炸螺钉（一）

● 如图 4-98 所示，选取另一侧两个螺钉，此时三重轴的任何一个轴都不和螺钉轴线重合，所以无法直接拖动。要想完成沿轴线拖动。需要变换三重轴的位置和方向。

图 4-98　爆炸螺钉（二）

● 如图 4-99 所示，单击三重轴原点，拖动三重轴至螺钉圆柱面或端面，三重轴方向将发生变化，Z 轴和螺钉轴线方向一致，释放鼠标。沿 Z 轴拖动螺钉，完成爆炸操作。

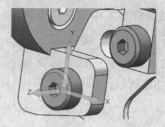

图 4-99　调整三重轴方向

● 如图 4-100 所示，完成其他螺钉的爆炸操作。

● 选取三个机械手指，径向爆炸设置如下：

1）在"添加阶梯"中单击"径向步骤"按钮 🔧。

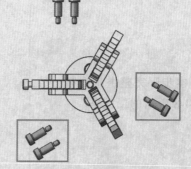

图 4-100　爆炸其他螺钉

2）爆炸方向选取机械手腕的圆柱面，如图 4-101 所示。

3）其他保持默认。

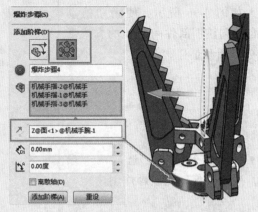

图 4-101　径向爆炸设置

拖动箭头到 30mm 左右，机械手指将沿着圆柱面的径向移动，如图 4-102 所示。

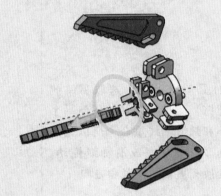

图 4-102　径向爆炸

• 在"添加阶梯"中单击"常规步骤（平移和旋转）"按钮，完成滑块和内六角沉头螺钉的爆炸操作，如图 4-103 所示。

图 4-103　爆炸滑块和内六角沉头螺钉

提示：本步骤完整讲解视频，请扫描图 S4-8 所示的二维码。

[图 S4-8]

第 5 章

工　程　图

学习目标

了解图样组成要素

学会使用图纸模板

使用视图表达模型结构

完成尺寸及注释标注

统计装配体材料明细

内容介绍

工程图使用投影法表达物体结构，是工程界的技术语言，SolidWorks 工程图使用模型自动生成相关投影视图，是物体的真实投影表现。

在 SolidWorks 中，零件、装配体和工程图是全相关的，对零件和装配体的更改会导致工程图文件相应的变更。需要更改工程图时，不是直接修改工程图，而是返回到模型中进行修改，数据源头是模型而不是图样。

一般而言，一张图样包含以下几个部分。它们是图纸幅面及格式、标题栏、视图、尺寸标注、其他注释和表格如图 5-1 所示。在 SolidWorks 中，各部分的创建方法如下：

图纸幅面及格式：调取模板直接使用。

标题栏：调取模板直接使用。

视图：大部分手动生成。

尺寸标注：大部分手动生成。

注释：手动标注。

表格：调取模板直接使用。

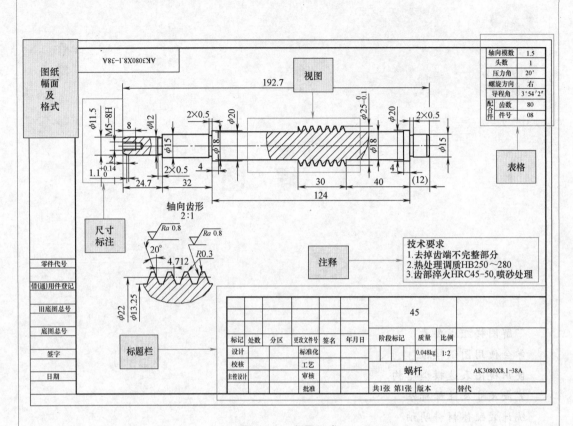

图 5-1　工程图组成

正式出工程图之前，应该定制符合国家标准或企业标准的模板，模板需要包含上述所讲内容，并且从 A4 到 A0 大小的模板均需要单独制作。

本章不介绍模板的制作方法，而直接采用 SolidWorks 自带的 GB 工程图模板，如图 5-2 所示。

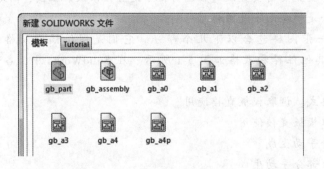

图 5-2　GB 工程图模板

5.1 零件工程图

例5-1 使用"机械手腕"创建如图5-3所示工程图。

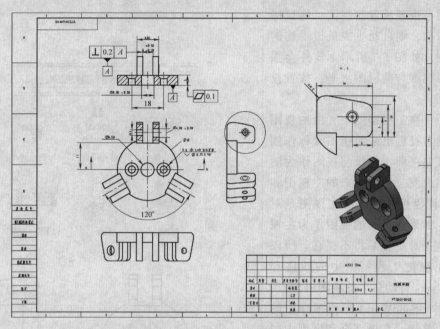

图5-3 机械手腕

步骤1：新建工程图

- 打开本章的 🔷 "机械手腕"。
- 如图5-4所示，菜单栏中依次单击"文件"→"从零件制作工程图"。
- 使用"gb_a4p"模板创建工程图。

提示："gb_a4p"模板是A4竖向模板。

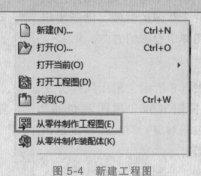

📄 新建(N)...		Ctrl+N
📂 打开(O)...		Ctrl+O
	打开当前(O)	▶
📥 打开工程图(D)		
📄 关闭(C)		Ctrl+W
🖼 从零件制作工程图(E)		
🔧 从零件制作装配体(K)		

图5-4 新建工程图

步骤2：创建工程视图

- SolidWorks 提供了多种视图工具用于创建工程图，可以使用命令管理器中的"视图布局"选项卡，如图5-5所示。也可使用任务窗格中的"视图调色板"，实际应用时，二者经常混合使用。

图5-5 "视图布局"选项卡

● 如图5-6所示，保证"视图调色板"中的"自动开始投影视图"处于选中状态，单击前视图，将其从"视图调色板"中拖入图纸中。选择适当位置放置前视图，将鼠标向右滑动，则自动生成机械手腕的左视图，如图5-7所示。软件会强制投影视图与前视图水平，放置投影视图。

提示：在工程制图中，由主视图从左向右投影出来的视图常称作侧视图或左视图。选择前视图作为图样的主视图，投影出来的左视图和"视图调色板"的中的左视图是对应的，如果选择其他视图作为主视图，这一对应关系将不存在。所以大家不应把工程制图中的叫法和SolidWorks自动命名的视图混淆。

提示：SolidWorks工程图样中的上视、前视、右视完全和模型中的上视基准面、前视基准面、右视基准面分别对应，零件建模的时候，绘制第一个草图的时候，已经决定了工程图样中投影的方向。

● 如图5-8所示，采用同样方法生成俯视图（和"视图调色板"中的上视图对应）。按<Esc>键退出投影状态。

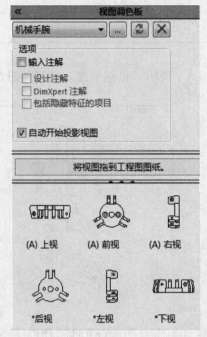

图 5-6　视图调色板

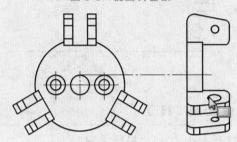

图 5-7　自动投影左视图

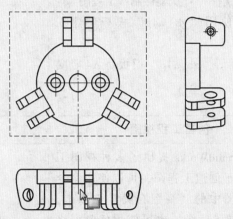

图 5-8　自动投影俯视图

步骤3：调整视图位置

● 调整视图之间的相对位置，可以将鼠标指针移动到需要调整的视图上，此时，视图会显示黄色的虚线边框。如图5-9所示，单击虚线边框不放，即可左右拖动视图调整位置。

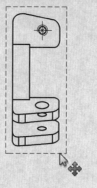

图5-9　移动视图

● 同样方法，拖动主视图，调整位置。拖动中会发现，侧视图只能水平移动，而主视图水平、竖直方向均可调整。产生此现象的原因是，侧视图和俯视图是由主视图投影产生的，此过程中建立了父子关系。主视图为父视图，侧视图和俯视图则是子视图。单击侧视图，如图5-10所示，在弹出的"工程图视图2"属性管理器中可以看到，除了位置受限于父视图外，视图的比例和视图显示样式也是由父视图决定的。

图5-10　"工程图视图2"属性管理器

● 单击主视图，如图5-11所示，将"工程图视图1"属性管理器中"显示样式"更改为"带边线上色"。三个视图均以"带边线上色"形式显示，如图5-12所示。

图5-11　"工程图视图1"属性管理器

● 将视图修改为"消除隐藏线"显示。

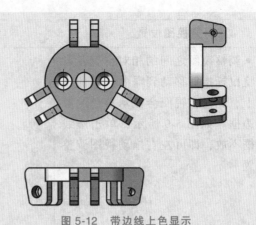

图 5-12　带边线上色显示

步骤 4：**调整图样比例、调整图纸大小**

● 主视图使用的比例为图样比例，修改图样比例后，视图比例也将发生变更。

提示：所有视图均可使用自定义比例，在"比例"选项区域中切换为"使用自定义比例"即可。

● 图样比例在图纸属性中修改。右击设计树中的"图纸 1"，在弹出的快捷菜单中单击"属性"。如图 5-13 所示。

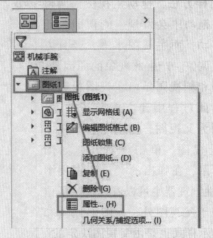

图 5-13　选择"图纸 1"→"属性"

● 如图 5-14 所示。修改"图纸属性"中的"比例"为 2∶1，单击"应用更改"按钮。

图 5-14　修改比例

• 随着图样比例的修改，所有视图的比例由 1∶1 变到 2∶1。如图 5-15 所示，此时在 A4 模板上绘制此零件工程图显得过于拥挤。接下来可以快速变换图纸模板。

• 重新调出"图纸属性"对话框如图 5-14 所示，在"图纸格式/大小"中选择"A3（GB）"，并单击"应用更改"按钮。

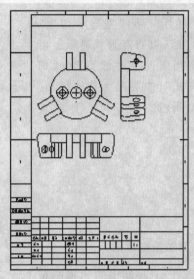

图 5-15　A4 图纸

• 如图 5-16 所示，通过修改图纸格式，可以更改图纸大小，此时三个视图全部位于图纸左侧。移动主视图到图纸中间位置，并调整视图相对位置。

提示：移动主视图时，三个视图相对位置会发生变化，调整比较繁琐，可以在移动主视图时，同时按住<Shift>键，三个视图不改变相对位置整体移动。

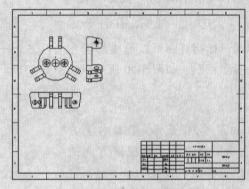

图 5-16　A3 图纸

步骤 5：调整视图切边

提示：因为模型存在圆角，在圆角和平面过渡位置具有过渡线，默认情况下，过渡线以细实线显示，如果模型圆角很多，图样会显得凌乱。可以将过渡线（SolidWorks 中称作切边）隐藏或以其他线型显示。如图 5-17 所示。

• 如图 5-18 所示，右击主视图，在弹出的快捷菜单中单击"切边"→"切边不可见"选项。

• 将其他视图也更改为"切边不可见"。

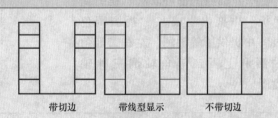

带切边　　带线型显示　　不带切边

图 5-17　切边显示样式

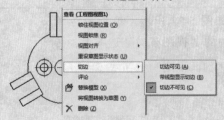

图 5-18　切换切边显示

提示：使用"带线型显示切边"选项时，默认以双点画线显示，可以在"文档属性"→"线型"→"切边"→"样式"中更改为其他线型，如图 5-19 所示。

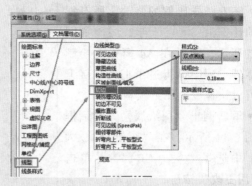

图 5-19　切边显示样式

步骤 6：添加投影视图

●单击命令管理器中的"视图布局"选项卡，再单击"投影视图"按钮，选中主视图，往各个方向拖动鼠标指针，可以形成相应方向的投影视图，如图 5-20 所示。

图 5-20　启动投影视图工具

●如图 5-21 所示，沿着右上方 45°拖动鼠标指针，形成该方向的轴测投影视图。按住<Ctrl>键，将消除视图对应关系，将轴测图放置标题栏右上方位置。

提示：轴测图也可以从"视图调色板"中拖出生成。"视图调色板"中提供了等轴测、左右二等角轴测和上下二等角轴测三种轴测图。

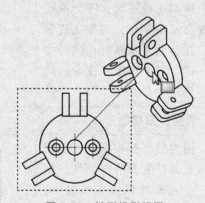

图 5-21　轴测投影视图

步骤 7：添加剖面视图

●如图 5-22 所示，单击命令管理器中的"视图布局"选项卡，再单击"剖面视图"按钮。

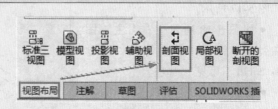

图 5-22　启动剖面视图工具

• 在"剖面视图辅助"属性管理器中，将"切割线"方向切换为"水平" ，如图 5-23 所示。接下来确定剖切线位置。

图 5-23 选择切割线方向

• 如图 5-24 所示，将鼠标指针移动到主视图中心孔圆心位置，单击拾取圆心，剖切线将通过圆心。

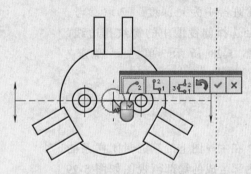

图 5-24 确定剖切线位置

• 右击或者单击弹出菜单的"确认"按钮，向上拖动鼠标指针，形成向上的水平剖视图，如图 5-25 所示，单击"确定"按钮 。

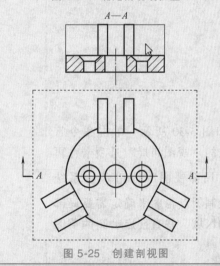

图 5-25 创建剖视图

步骤 8：添加局部剖视图与局部放大视图

• 如图 5-26 所示，单击命令管理器中的"草图"选项卡，再单击"样条曲线"按钮 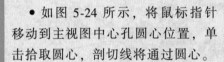。

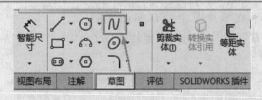

图 5-26 选择"草图"→"样条曲线"

• 在主视图位置绘制如图 5-27
所示的封闭样条曲线。

• 选取上一步绘制的样条曲线，
然后单击命令管理器中的"视图布
局"选项卡，再单击"断开的剖视
图"按钮 。

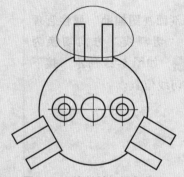

图 5-27　绘制封闭样条曲线

• 在弹出的"断开的剖视图"属
性管理器中为"深度"选取参考，
此处选择侧视图中的螺纹孔边线。
如图 5-28 所示。单击"确定"
按钮。

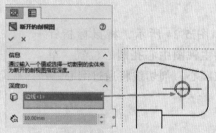

图 5-28　选取参考

• 在主视图上绘制的封闭样条曲
线内部生成的局部剖视图如图 5-29
所示。

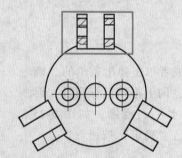

图 5-29　局部剖视图

• 如图 5-30 所示，单击命令管
理器中的"视图布局"选项卡，再
单击"局部视图"按钮 。系统
提示绘制圆形轮廓来确定需要局部
放大的区域，并直接启动圆的草图
绘制工具。

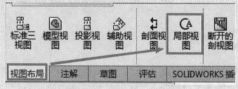

图 5-30　启动局部视图工具

• 在侧视图上绘制如图 5-31 所
示草图圆，草图圆和螺纹孔同心。

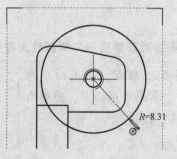

$R=8.31$

图 5-31　绘制草图圆

● 如图 5-32 所示，系统自动生成局部放大视图，在适当位置放置视图。

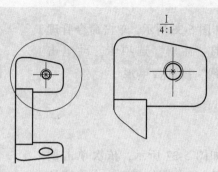

图 5-32　局部放大视图

● 完整视图布局如图 5-33 所示。

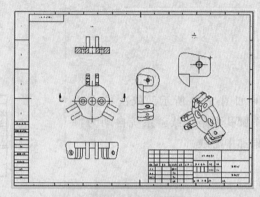

图 5-33　完整视图布局

提示：视图创建完整讲解视频，请扫描图 S5-1 所示的二维码。

[图 S5-1]

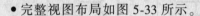

步骤 9：添加中心线与中心符号线

● 如图 5-34 所示，单击命令管理器中的"注解"选项卡，再单击"中心符号线"按钮 ⊕ 中心符号线 。

图 5-34　选择"注解"→"中心符号线"

● 如图 5-35 所示，单击主视图圆形边线。系统自动为特征添加中心符号线。

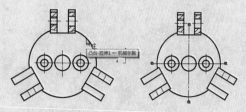

图 5-35　添加中心符号线

• 如图 5-36 所示，单击命令管理器中的"注解"选项卡，再单击"中心线"按钮 中心线。

图 5-36 选择"注解"→"中心线"

• 如图 5-37 所示，依次单击剖视图沉头孔的圆柱面和中心孔圆柱面。系统自动为特征添加中心线。

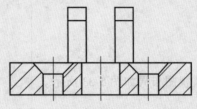

图 5-37 添加中心线（一）

• 如图 5-38 所示，依次单击主视图圆孔两条边线，系统自动为特征添加中心线。

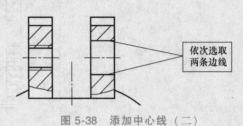

依次选取两条边线

图 5-38 添加中心线（二）

步骤 10：添加尺寸标注

• 工程图中的尺寸标注和草图的尺寸标注是一样的。需要注意的是标注样式的不同。

• 如图 5-39 所示，单击命令管理器中的"注解"选项卡，再单击"智能尺寸"按钮。

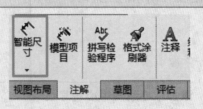

图 5-39 启动智能尺寸工具

• 如图 5-40 所示，为局部放大视图添加线性尺寸标注。

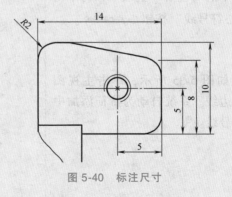

图 5-40 标注尺寸

● 添加线性尺寸"8"的步骤
如下：

■ 启动"智能尺寸"命令，右
击上侧倾斜的线段，在弹出的快捷
菜单中单击"查找交叉点"选项，
如图 5-41 所示。

■ 继续单击右侧竖直线段，系
统自动生成两条线段的交叉点。

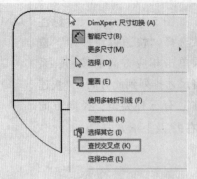

图 5-41 选择"查找交叉点"选项

■ 选取下侧水平线段，放置尺
寸，完成标注，如图 5-42 所示。

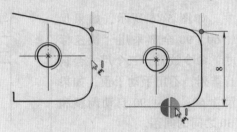

图 5-42 完成尺寸标注

提示：交叉点的显示样式可以在
"文档属性"的"虚拟交点"中设
置，如图 5-43 所示。

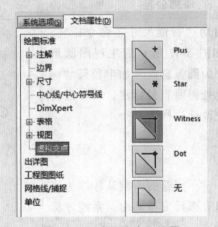

图 5-43 "虚拟交点"设置

● 标注圆角尺寸 R2 时，单击 📷
打开尺寸快捷菜单，在字母 R 前添
加"4×"的数量标注。如图 5-44
所示。

提示：如果已经标注完成，可以
再次选取尺寸，系统会重新显示尺
寸快捷菜单。

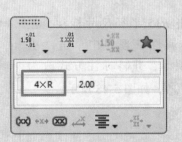

图 5-44 尺寸快捷菜单

提示：如图 5-45 所示，尺寸标注时会默认选择"快速标注尺寸"选项。如果单击相应方向的按钮，系统自动将尺寸排列到此方向。"快速标注尺寸"有三种类型，径向方向🔘、左右🔘及上下方向🔘。

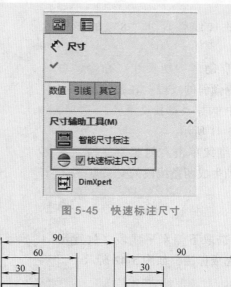

图 5-45　快速标注尺寸

提示：如图 5-46 所示，如果尺寸 30、60、90 全部采用"快速标注尺寸"命令放置，三个尺寸会自动进行排列，不用手动干预，如果删除尺寸 60，尺寸 90 自动调整和尺寸 30 之间的间距。

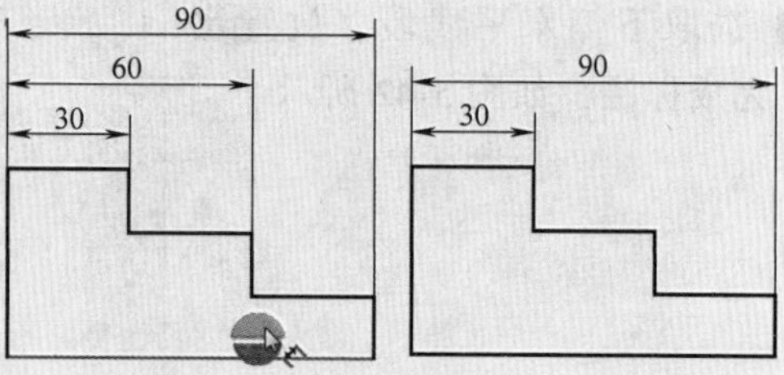

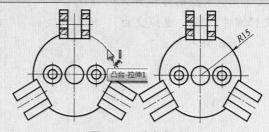

图 5-46　快速标注尺寸

步骤 11：添加公差

• 启动"智能尺寸"命令标注，单击如图 5-47 所示的主视图圆形边线。为圆弧自动添加半径尺寸标注，此处需要直径标注，所以需要手动更改标注样式。

图 5-47　半径标注

提示：不完整的圆默认标注为半径，只有选择完整圆时，系统才标注直径。

• 单击 *R*15 半径尺寸标注，在"尺寸"属性管理器中单击"引线"选项卡，并将标注方式改为"直径" 🔘，如图 5-48 所示。

图 5-48　切换为直径

- 如图 5-49 所示，选择适当位置放置 φ30 直径尺寸。

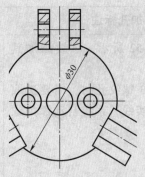

图 5-49　标注直径尺寸

- 如图 5-50 所示，为中心孔添加 φ6.5 直径尺寸。并在命令管理器中的"引线"选项卡中将"自定义文字位置"改为"水平文字" 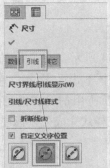。

提示：尺寸的标注样式是由模板决定的，如果需要半径或直径尺寸标注始终保持水平方向，可以通过修改模板完成，本章不做模板内容的介绍，只是讲解如何手动修改标注样式。

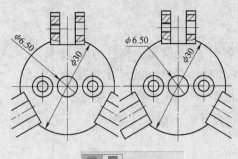

图 5-50　修改文字位置

- 选取 φ6.5 直径尺寸，单击 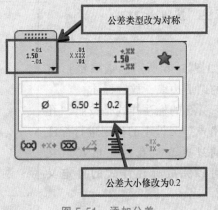 打开尺寸快捷菜单，为尺寸添加公差。在"公差类型"窗口中选取对称样式，并输入"0.2" mm 的公差值，如图 5-51 所示。

公差类型改为对称

公差大小修改为0.2

图 5-51　添加公差

步骤 12：添加孔标注

• 如图 5-52 所示，继续添加其他尺寸标注。

• 标注 M3 螺纹孔时，需要选取螺纹孔的细实线，系统自动添加螺纹符号 M。

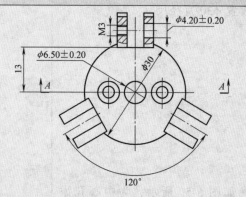

图 5-52　其他尺寸标注

• 如图 5-53 所示，标注直径尺寸 φ4.2 时，在弹出的尺寸快捷菜单中单击"等距文字"按钮 ⚼，可以将尺寸引出标注。

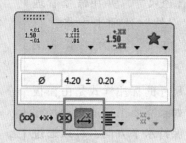

图 5-53　等距文字

• 如图 5-54 所示，在弹出的尺寸快捷菜单中单击"样式" ★，可以列出最近使用的公差标注样式，选取相应样式完成公差标注。

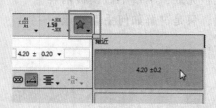

图 5-54　选择标注样式

• 如图 5-55 所示，单击命令管理器中的"注解"选项卡，再单击"孔标注"按钮 ⊔∅ 孔标注 。

图 5-55　启动"孔标注"工具

• 如图 5-56 所示，选取锥形沉头孔的圆形边线，放置标注。

提示：孔的标注样式是按照"孔标注格式"文件中的规则进行标注的。通过更改"孔标注格式"文件，可以完成标注样式的自定义设置。

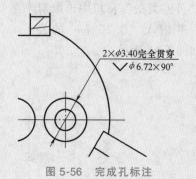

图 5-56　完成孔标注

提示：尺寸标注完整讲解视频，请扫描图 S5-2 所示的二维码。

[图 S5-2]

步骤 13：添加基准符号和形位公差 ⊖

- 如图 5-57 所示，为剖视图添加尺寸标注。
- 标注上侧宽度尺寸 5 时，选择"双边"的公差类型，并输入上下极限偏差。

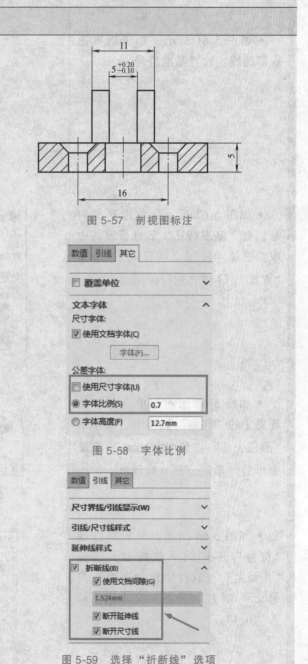

图 5-57　剖视图标注

- 默认情况下，公差尺寸的高度和名义尺寸的高度一致。如图 5-58 所示，添加公差后，在属性管理器的"其它"选项卡中，取消选择"使用尺寸字体"，将"字体比例"改为"0.7"。此处"字体比例"是指相对于名义尺寸字体高度的比例。显示效果如图 5-57 所示。

图 5-58　字体比例

- 如图 5-59 所示，标注上侧宽度尺寸 11 时，在属性管理器中，选择"引线"选项卡中的"折断线"，则尺寸延伸线和宽度尺寸 5 相交位置打断。显示效果如图 5-57 所示。

图 5-59　选择"折断线"选项

⊖　几何公差，见 GB/T 1182—2008。本书用形位公差，与软件中一致。

• 如图 5-60 所示，单击命令管理器中的"注解"选项卡，再单击"基准特征"按钮 A 基准特征 。

图 5-60　启动"基准特征"工具

• 如图 5-61 所示，单击剖视图底部边线，放置基准符号。

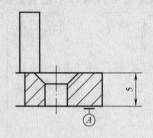

图 5-61　放置基准符号

• 如图 5-62 所示，单击基准符号，在"基准特征"属性管理器中取消选择"使用文件样式"，单击"方形" 口 样式进行标注。

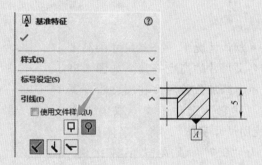

图 5-62　基准标注样式

• 如图 5-63 所示，单击命令管理器中的"注解"选项卡，再单击"形位公差"按钮 形位公差 ，系统弹出的"形位公差"属性框。

图 5-63　选择"注解"→"形位公差"

• 如图 5-64 所示，单击属性框"符号"一栏的下拉按钮，选择"平面度"（软件中称为平性）符号 ，并在"公差"文本框内输入"0.1"。

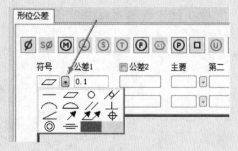

图 5-64　形位公差符号

- 如图 5-65 所示, 在 "形位公差" 属性管理器中, 将 "引线" 中的选项切换为 "多转折引线" 。

- 拖动 "形位公差" 属性框到其他位置, 防止其遮挡视图, 或者缩放图样, 放大需要标注的位置。

图 5-65 引线类型

- 标注方法, 如图 5-66 所示。

1) 选择剖视图下侧边线。

2) 向下移动指针到合适位置, 单击鼠标左键。

3) 水平移动指针到合适位置, 双击鼠标左键退出标注状态。

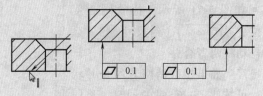

图 5-66 标注方法

- 如图 5-67 所示, 继续使用默认引线添加形位公差, 并添加基准符号 B。添加基准符号 B 时, 可直接单击形位公差, 即可将基准符号标注在形位公差上。

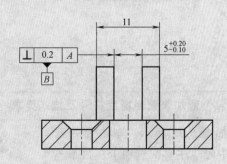

图 5-67 基准 B 标注

- 如图 5-68 所示, 添加基准符号 C。添加基准符号时, 可直接单击直径尺寸 ϕ4.20, 即可将基准符号标注在尺寸上。

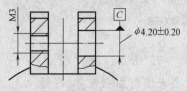

图 5-68 基准 C 标注

- 如图 5-69 所示, 使用 "无引线"  的方法标注同心度形位公差 (软件中基准符号为正体), 在 "公差 1" 文本框输入 "0.1" 后, 单击上侧 按钮, 并在 "主要" 基准下输入符号 "C"。将形位公差放置在尺寸 M3 附近。

图 5-69 同心度形位公差标注

- 进行下一步之前，确保取消"系统选型""工程图""在拖动时禁用注释合并"的选中状态。如图5-70所示。

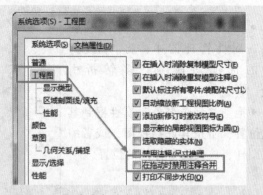

图 5-70　取消选中"在拖动时禁用注释合并"

- 如图 5-71 所示，拖放同心度形位公差 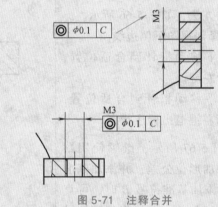 到尺寸 M3，系统自动将两者合并。

提示：如果想取消两者的合并状态，可按住 <Shift> 键的同时，将同心度形位公差拖放到其他位置。

图 5-71　注释合并

步骤 14：添加表面粗糙度符号及技术要求

- 如图 5-72 所示，单击命令管理器中的"注解"选项卡，再单击"表面粗糙度符号"按钮 √ 表面粗糙度符号 。

图 5-72　选择"注解"→"表面粗糙度符号"

- 如图 5-73 所示，在"符号"中选取"要求切削加工" √ 符号，并在"符号布局"中输入"Ra 1.6"。

图 5-73　表面粗糙度样式

• 如图 5-74 所示，选取剖视图下侧边线完成表面粗糙度标注。

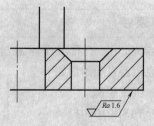

图 5-74　表面粗糙度标注

• 如图 5-75 所示，单击命令管理器中的"注解"选项卡，再单击"注释"按钮 。

图 5-75　选择"注解"→"注释"

• 如图 5-76 所示，在图纸空白区域放置注释，调整字体大小为 5mm，并输入相应文字，完成技术要求的注写。

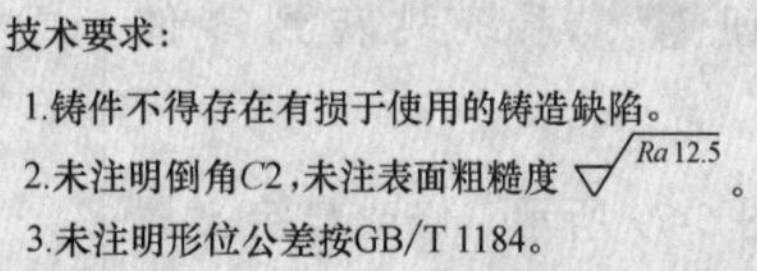

技术要求：

1. 铸件不得存在有损于使用的铸造缺陷。
2. 未注明倒角C2，未注表面粗糙度 $\sqrt{\ }$ Ra 12.5
3. 未注明形位公差按GB/T 1184。

图 5-76　添加注释

• 如图 5-77 所示，输入第二条要求时，从"注释"属性管理器的"文字格式"中可直接插入表面粗糙度符号 √。

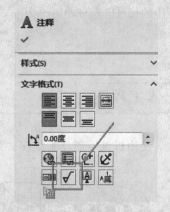

图 5-77　插入表面粗糙度符号

提示：基准和形位公差标注完整讲解视频，请扫描图 S5-3 所示的二维码。

[图 S5-3]

133

步骤15：标题栏

• 如图 5-78 所示，查看图样标题栏，相关信息已经自动添加如下：

1）名称：机械手腕

2）代号：YTSD010001

3）质量：0.041

4）材料：ANSI 304

• SolidWorks 图样标题栏的信息不是手工添加的，全部来源于模型属性。如果修改标题栏信息，则需要返回模型修改属性信息，图样标题栏自动发生变更。

• 单击任意视图，系统弹出快捷菜单，再单击"打开零件"按钮，系统跳转到零件环境。

• 如图 5-79 所示，修改自定义属性信息中的"代号"为 YTSD010002。返回工程图，重建工程图文档，此时，标题栏中的代号已经自动更改为新代号。

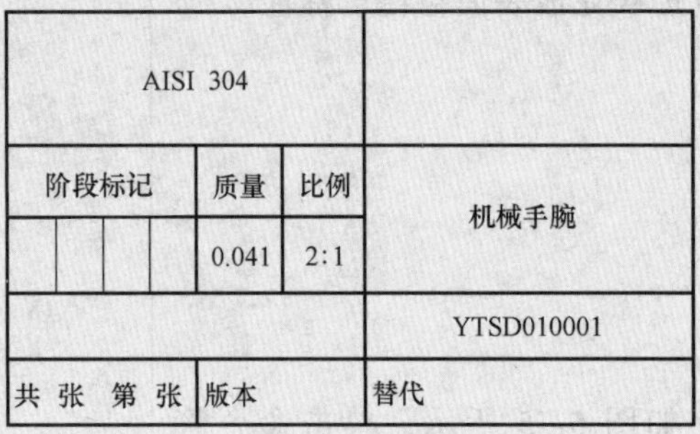

AISI 304			
阶段标记	质量	比例	机械手腕
	0.041	2:1	
			YTSD010001
共 张 第 张 版本		替代	

图 5-78　标题栏

	属性名称	类型	数值/文字表达	评估的值
1	名称	文字	机械手腕	机械手腕
2	代号	文字	YTSD010002	YTSD010002
3	质量	文字	"SW-Mass@机械手腕	0.041
4	材料	文字	"SW-Material@机械	AISI 304
5	<键入>			

图 5-79　自定义属性

5.2　装配体工程图

例 5-2　使用机械手创建工程图，如图 5-80 所示。

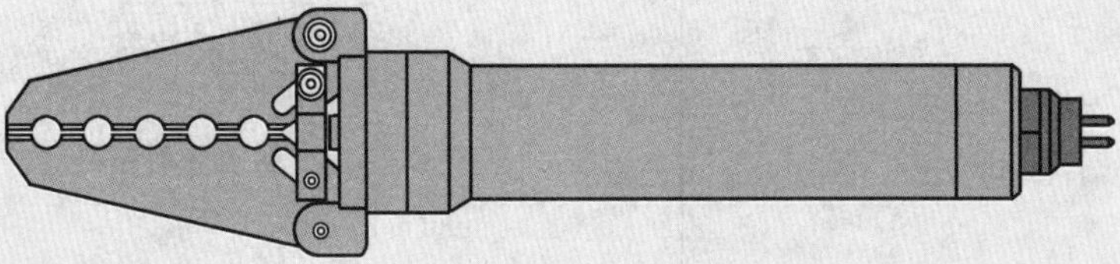

图 5-80　机械手

步骤1：新建工程图

• 打开本章的　"机械手装配体"。

• 使用"gb_a3"模板创建工程图。

步骤2：**创建剖面视图，修改剖面线属性**

• 使用"视图调色板"，创建如图 5-81 所示标准三视图。使用 1：2 的图样比例。

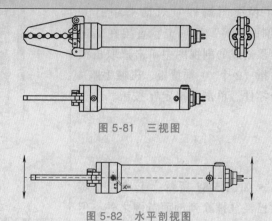

图 5-81 三视图

• 如图 5-82 所示，过俯视图中心位置，添加水平剖视图（软件中为剖面视图）。

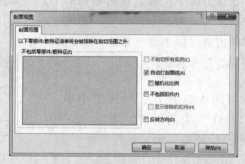

图 5-82 水平剖视图

• 如图 5-83 所示，系统自动打开"剖面范围"选项卡，"剖面范围"选项卡主要用来控制剖面线的范围。可以手动选取不需要画剖面线的筋特征、零件和 Toolbox 标准件。

• 添加的剖视图，主要目的是表达主缸体内部零件的装配位置关系，所以，机械手指、推拉板、机械手腕几个零件不需要剖切处理。

• 选择上述几个零件相对困难。所以先不做选择直接单击"确定"按钮完成剖视图，如图 5-84 所示。

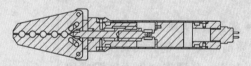

图 5-83 "剖面范围"选项卡

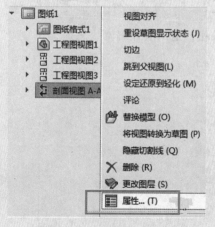

图 5-84 完成剖视图

• 如图 5-85 所示，在工程图设计树中，右击"剖面视图 A—A"，并单击"属性"。

图 5-85 选择"属性"选项

• 如图 5-86 所示，在弹出的"工程视图属性"对话框中打开"剖面范围"选项卡，直接在上述步骤创建的剖视图中单击选取机械手指（2 个）、推拉板、机械手腕 4 个零件。单击"确定"按钮。

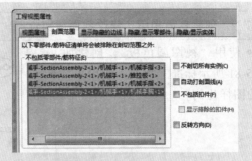

图 5-86　剖面范围选择

• 如图 5-87 所示，上述四个零件已经被排除到剖面范围之外，但是，默认情况下，被剖切的零件剖面线角度和间距是一样的，不易区分零件边界。接下来，手动修改零件剖面线角度和间距。

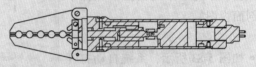

图 5-87　个别零件排除剖面范围

• 如图 5-88 所示，剖视图中单击"电机"的剖面线，弹出"区域剖面线/填充"的属性管理器。

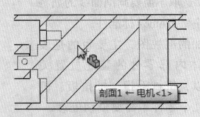

图 5-88　剖面线选取

• 如图 5-89 所示，取消选中的"材质剖面线"，剖面线属性变成可编辑状态，分别将"剖面线图样比例"和"剖面线图样角度"修改为"3"和"90 度"。单击"确定"按钮，退出属性编辑状态。

图 5-89　设置剖面线

- 修改后的电动机剖面线显示状态如图 5-90 所示。
- 按照个人理解，将其他零件剖面线属性修改到合适参数。

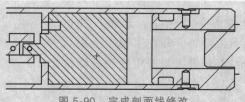

图 5-90　完成剖面线修改

步骤 3：创建交替位置视图

- 如图 5-91 所示，交替位置视图可以将运动机构的不同工作位置或极限工作位置在一个视图中同时表达。交替位置视图是装配体特有的视图工具。

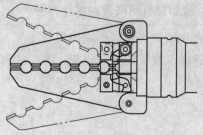

图 5-91　交替位置视图

- 如图 5-92 所示，在命令管理器中的"视图布局"选项卡中单击"交替位置视图"按钮，并选取主视图作为目标对象。

图 5-92　添加交替位置视图工具

- 如图 5-93 所示，系统会提示使用"新配置"还是"现有配置"，此处保持默认，使用"新配置"，单击"确定"按钮。
- 系统自动返回装配体环境，并启动"移动零部件"命令，使用此命令确定机械手指最大张开角度。

图 5-93　配置选择

- 如图 5-94 所示，向左拖动"推拉板"到极限位置，单击"确定"按钮。

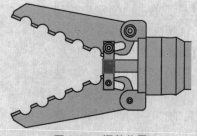

图 5-94　调整位置

137

• 如图 5-95 所示，系统自动返回工程图环境，并在主视图上用双点画线显示最大张开角度的极限位置。为最大角度标注尺寸。

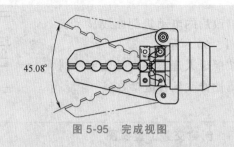

图 5-95　完成视图

步骤 4：添加材料明细表和零件序号

• 从"视图调色板"中拖出爆炸等轴测视图，放置到合适位置，并将"显示样式"修改为"带边线上色"，如图 5-96 所示。

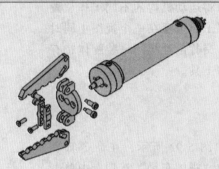

图 5-96　爆炸等轴测视图

• 如图 5-97 所示，在命令管理器中的"注解"选项卡中单击"表格"按钮 囲，在展开符号中单击"材料明细表"（制图标准中为明细栏）按钮 材料明细表，并选取轴测图为目标视图。

图 5-97　启动"材料明细表"命令

• 如图 5-98 所示，在"材料明细表"属性管理器中选择如下参数：

1）"表格模板"为 gb-bom-material。

2）选择"附加到定位点"。

3）"材料明细表类型"选择"仅限顶层"。单击"确定"按钮。

• 系统自动统计材料明细表，并将材料明细表放置在标题栏上方。

提示：使用"附加到定位点"选项时，材料明细表放置的位置是由工程图模板决定的。在工程图模板定制阶段，需要单独设定某个点作为定位点。

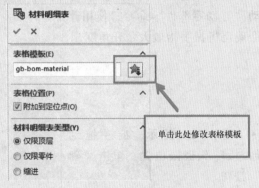

图 5-98　选择模板

- 如图 5-99 所示，材料明细表包含序号、代号、名称、数量、材料、单重、总重以及备注共八项内容。其中序号、数量和总重是自动生成的，其余属性均需要在零件和装配体设计阶段添加相关属性。

6	GB/T 819.1—2000	沉头螺钉	2	镀铬不锈钢	0.00	0.00	
5	GB/T 5281—1985	螺钉	4	普通碳钢	0.00	0.01	
4	YTSD01 0003	机械手指	2	镀铬不锈钢	0.03	0.06	
3	YTSD01 0002	推拉板	1	普通碳钢	0.01	0.01	
2	YTSD01 0001	机械手腕	1	AISI 304	0.04	0.04	
1	YTSD0 101	动力机构	1		0.35	0.35	
序号	代号	名称	数量	材料	单重	总重	备注

图 5-99　材料明细表

- 如图 5-100 所示，首先单击轴测图，在命令管理器中的"注解"选项卡中再单击"自动零件序号"按钮 ⚙ 自动零件序号 。

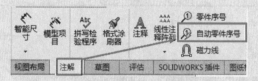

图 5-100　添加"自动零件序号"选项

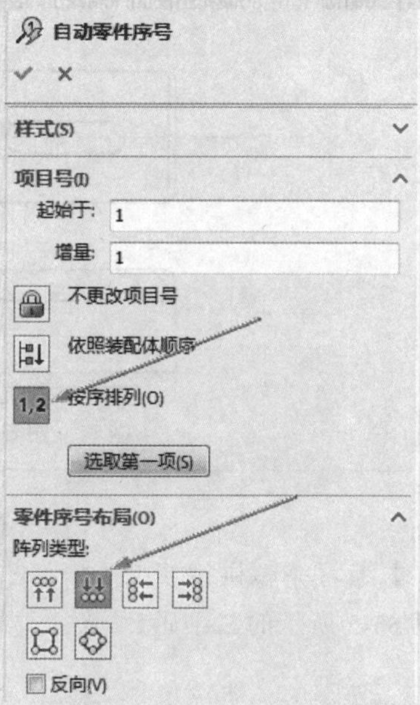

- 如图 5-101 所示，在"自动零件序号"属性管理器中单击"按序排列"按钮 1.2 ，并将"阵列类型"修改为"布置零件序列号到下" ⬇ ，单击"确定"按钮。

图 5-101　"自动零件序号"设置

- 完成零件序号标注的轴测图，如图 5-102 所示。

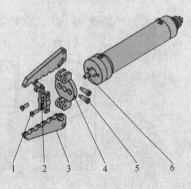

图 5-102　完成零件序号标注

提示：装配体工程图完整讲解视频，请扫描图 S5-4 所示的二维码。

[图 S5-4]

5.3 专项练习

练 5-1 断裂视图、剖视图

打开本章的 ⬡ "螺旋推杆-练习"，创建如图 5-103 所示的零件视图。包含主视图和剖视图。

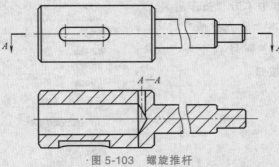

图 5-103 螺旋推杆

提示：本练习完整讲解视频，请扫描图 S5-5 所示的二维码。

[图 S5-5]

练 5-2 带筋零件的剖视图

打开本章的 ⬡ "轴座-练习"，创建如图 5-104 所示零件视图。

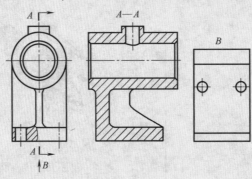

图 5-104

提示：本练习完整讲解视频，请扫描图 S5-6 所示的二维码。

[图 S5-6]